掌叶覆盆子发育生物学与实用技术

陈　珍　江景勇　李小白　等著

ZHEJIANG UNIVERSITY PRESS
浙江大学出版社
·杭州·

图书在版编目(CIP)数据

掌叶覆盆子发育生物学与实用技术 / 陈珍等著.

杭州：浙江大学出版社，2024. 6. -- ISBN 978-7-308
-25210-2

Ⅰ. Q949.751.8

中国国家版本馆 CIP 数据核字第 20247GJ294 号

掌叶覆盆子发育生物学与实用技术

陈　珍　江景勇　李小白 等 著

策划编辑	潘晶晶	
责任编辑	叶思源	
责任校对	蔡晓欢	
封面设计	十木米	
出版发行	浙江大学出版社	
	（杭州市天目山路 148 号　邮政编码 310007）	
	（网址：http://www.zjupress.com）	
排　　版	杭州星云光电图文制作有限公司	
印　　刷	杭州高腾印务有限公司	
开　　本	710mm×1000mm　1/16	
印　　张	13.25	
字　　数	220 千	
版 印 次	2024 年 6 月第 1 版　2024 年 6 月第 1 次印刷	
书　　号	ISBN 978-7-308-25210-2	
定　　价	80.00 元	

前　言

掌叶覆盆子(*Rubus chingii* Hu)，又称华东覆盆子，其青果可入药，熟果可鲜食，是国家卫健委规定的药食两用植物之一，也是中国 201 种悬钩子属植物中唯一入选"药食同源"目录的植物。《本草纲目》《开宝本草》和《神农本草经》等古籍对掌叶覆盆子益肾固精、养肝明目、悦泽肌肤及安和脏腑等功效都有记载；《中华人民共和国药典》也明确指出其具有治疗遗精滑精、遗尿尿频、阳痿早泄和目暗昏花的功效。掌叶覆盆子成熟果实色泽红润鲜亮，柔软多汁，酸甜可口，富含氨基酸、多种维生素等成分，营养丰富，被誉为"中国树莓"。

中药制剂五子衍宗丸、全鹿丸、男康片、龟鹿补肾丸、坤宝丸、肾宝合剂、肾宝糖浆、益肾灵颗粒、调经促孕丸和强阳保肾丸等方剂的主要原材就包括掌叶覆盆子，其功能和疗效在民间有广泛的认识基础和认可度，同仁堂、胡庆余堂和九芝堂等诸多国内知名中成药企业均对该药材有大量需求。赣东北和浙江是我国掌叶覆盆子的主产区，近十年种植面积连年攀升，2011 年江西德兴有 31.2 万亩，2019 年浙江有 12.88 万亩。江西德兴覆盆子和浙江淳安覆盆子先后被认定为全国农产品地理标志，浙江丽水覆盆子获国家地理标志证明商标。2018 年，覆盆子入选"新浙八味"中药材培育品种。四川、贵州、安徽等地均已成功引种栽培掌叶覆盆子，并产生了良好的经济效益。

虽然掌叶覆盆子是一种传统的中药材，但其产业起步较晚、规模化程度不高、产业链尚未完善，在良种筛选、种苗繁育、果实品质优化、高效栽培等方面的研究仍欠缺。从 2008 年起，台州学院、台州市农业科学研究院和浙江省农业科学研究院等单位的科研人员系统开展了掌叶覆盆子资源调查收集、良种筛选、种苗繁育、高效栽培、采后加工等研究工作，并揭示了掌叶覆盆子果实发育规律、药用和营养成分的积累及合成机制，为覆盆子药材鉴别与质控及现代育种提供了科学依据。

良种的选育、标准化生产关键技术的研发、果实脱粒和采摘工具的研制等极大地提升了掌叶覆盆子的生产效率。本书对研究团队近十几年关于掌叶覆盆子的研究成果进行了梳理和总结。

本书详细地阐述了掌叶覆盆子的生物学特性、形态特征、营养成分与药用成分、营养价值与药理活性、果实发育过程及药用成分合成的分子机制等基础理论知识,重点推介了覆盆子良种选育与资源评价技术、根蘖育苗和植物组织培养规模化繁育技术、机械化脱粒和科学采摘技术、省力化整形修剪技术等生产应用成果,并配有代表性图片加以说明。希望本书能为从事相关工作的研究人员,从事掌叶覆盆子种植栽培、生产加工的人员提供借鉴和帮助。

本书获得浙江省科技厅和浙江省基础公益研究计划项目(2017C32082、LY19C160008 和 LGN22C02001)、浙江省植物进化生态学与保护重点实验室开放项目(EEC2014-08)、台州市科技计划项目(1801ny01、21nya14)、浙江省农科院省地合作项目(2019R05B70D01)、国家级大学生创新创业训练计划项目和台州学院浙江省一流学科/重点学科(生态学)建设经费等的资助,由陈珍、江景勇、李小白、王云冰、邱莉萍、曾为、时羽杰、钟永军等同志完成,并得到了台州市林业技术推广总站、台州市国土空间整治与生态修复中心、台州市农业技术推广中心、台州学院和台州市农业科学研究院等单位的支持和帮助,在此一并表示感谢。特别感谢台州学院金则新教授在本书出版和项目申报中所给予的极大帮助。

限于笔者的水平和经验,书中难免存在不足之处,恳请同行、专家和读者批评指正。

作　者

2023 年 11 月

目 录

1

第 1 章　掌叶覆盆子概述

掌叶覆盆子($Rubus\ chingii$ Hu),又称华东覆盆子,俗称大号角公、牛奶母等,蔷薇科(Rosaceae),悬钩子属($Rubus$),为我国特色药食同源植物。在其未成熟果实青转黄(green-to-yellow,GY)时采摘,并晒干入药,特称"覆盆子",为补肾佳品(Yau et al.,2002;国家药典委员会,2015)。以其为主原料的保健品深受社会各界认可,如"五子衍宗丸""益肾灵颗粒""汇仁肾宝片"和"福圣元牌覆参片"等(闫翠香等,2013)。掌叶覆盆子的根、叶亦可药用,具清热利湿、抗氧化、消炎止血和抗肿瘤等功效(Han et al.,2012;Zhang et al.,2015a;Wang et al.,2023a;王建雄等,2023)。近年来药物成分分析与药理研究取得了重要进展,其结果都表明掌叶覆盆子富含多糖、萜类、酚酸、黄酮醇及糖苷衍生物等,具消炎、抗氧化、抗菌、降糖、抗癌、抗血栓形成和防治骨质疏松等多重功效(Yu et al.,2019;Sheng et al.,2020;He et al.,2023)。掌叶覆盆子的成熟果实柔软多汁,营养丰富,被誉为"中国树莓",是国际市场上的"黄金水果"(李桂兰等,2014;Chen et al.,2021a)。2011 年起,百姓开始在自留地零星种植,之后随着覆盆子营养保健价值渐入人心,种植面积连年攀升。2015 年,浙江省掌叶覆盆子种植面积约 4000 亩[①],而到 2019 年则达12.88 万亩,约占全国种植面积的一半,产量达 4000t 干品。2018 年,覆盆子入选"新浙八味"中药材培育品种。掌叶覆盆子产业的发展为华东山区农民的收入带来了新的增长点。

1.1　生物学特性

掌叶覆盆子为落叶灌木,株高 1.5～3m;茎直立,丛生,枝细,无毛,表面蜡质

---

① 1 亩≈666.67 平方米。

有白粉,具皮刺,稀无刺。地上部枝条2年生,地下根部多年生。每年冬季根部孕育新芽,次年春季萌发基生枝。新生枝条当年不开花结果,秋季孕育混合芽,冬季休眠,至第2年春季二年生枝条混合芽萌动,展叶并开花结果;果实成熟脱落后20～30d,结果枝枯萎死亡;当年生枝条越冬至第2年开花结果,如此往复循环。单叶互生,基部心形,边缘掌状5裂,稀3或7裂,裂片菱状卵形或椭圆形,先端渐尖,基部狭缩;叶柄长2～4cm,疏生小皮刺,微具柔毛或无毛,基部可见2枚线状披针形托叶。花两性,花梗长2～4cm,萼片与花瓣各5枚;雄蕊多数,离生,着生于花萼筒上,花药"个"字形,花粉近球形;雌蕊多数,离生,螺旋状,着生于凸起的花托上。药用果实在青转黄时采摘,果实干燥后呈黄绿色或淡棕色,圆锥形或扁圆锥形,顶端钝圆,基部中心凹入,宿萼棕褐色。成熟果实近球形,红色,为多数小核果聚合在膨大花托上而形成的聚合果,密被白色柔毛,下垂。花期3—4月,果期5—6月(俞德浚等,1985;Sheng et al.,2020)。掌叶覆盆子的植株、根蘖苗、花及果实如图1-1所示。

(a) 植株与根蘖苗

(b) 花

2

(c) 红果与青转黄果实

图 1-1　掌叶覆盆子（彩图见附录）

1.2　资源分布

掌叶覆盆子主要分布在我国东部,包括浙江、江苏、安徽、江西、福建和广西等省份,多野生于低海拔至中海拔(200～800m)的山坡、山谷、林缘、疏林、灌丛和沟边等土壤较湿润地段。掌叶覆盆子喜光但怕暴晒,喜湿润但忌积水(积水易引起根部腐烂),耐寒耐旱。分布区的主要土壤类型为山地红壤和黄壤,呈酸性或微酸性,pH 值在 5.4～6.5,土层厚度一般在 30cm 以上。浙江的台州、淳安、建德、丽水、温州、青田、金华等地的山区、半山区广泛分布着野生掌叶覆盆子资源(傅承新等,1995;李建光等,2005;王昌腾等,2005;黄勇,2014;米敏等,2017;毛凤成等,2022)。福建省除闽东南平原、丘陵地区外,其他地区均有分布(李国平等,1999)。安徽的泾县、休宁、九华山、大别山区等地及江苏海拔低于 800 米的山区均分布着野生掌叶覆盆子资源(汪美英等,1998;游晓庆等,2019)。江西德兴、井冈山(张志勇等,1999;闫翠香等,2013),湖北通山,广西秀水和河南的大别山、商城、黄柏山及新县等地(李春奇等,1995;樊柏林等,2006)也有掌叶覆盆子分布。尹永飞等(2019)根据现有华东覆盆子分布位点信息和生态因子数据,利用 MaxEnt (maximum entropy,最大熵)模型及地理信息系统(geographical information system,GIS)制图软件进行生态适宜性预测,结果表明以江西东北部、江苏西南部、浙江、安徽南部及福建北部为主的长江以南华东地区为掌叶覆盆子的分布适宜区。降水和气温是影响其分布的主要生态因子,9月降水适宜值为 $100\sim$ 300cm,最干月为 $38\sim70$cm,最干季为 $140\sim200$cm;4月均温适宜值为 $10\sim22℃$。可据此拓宽人工栽培区域。

1.3 分 类

全球共有悬钩子属植物近 1000 种,类型复杂,变异较大,种间种内杂交十分普遍,因此关于悬钩子属植物的分类和系统发育尚存争议。分类学家 Focke 把悬钩子属分成 12 个亚类,在此基础上《中国植物志》将悬钩子属分为 8 个组[空心莓组(Idaeobatus)、常绿莓组(Lampobatus)、悬钩子组(Rubus)、木莓组(Malaehobatus)、刺毛莓组(Dalibardestrum)、矮生莓组(Chamaebatus)、匍匐莓组(Cylaetis)和单性莓组(Chamaemorus)],24 个亚组,掌叶覆盆子被归到空心莓组球果亚组(俞德俊等,1985)。空心莓组的一个特征是聚合果不与花托连合成一体,成熟时与花托分离,果实空心。然而,掌叶覆盆子成熟时聚合果与膨大花托一起从果柄处脱落,小核果不与花托分离,在其内部构造中可见连接花托与小核果的维管束。因此,目前其植物学分类位置值得商榷。

在园艺上,掌叶覆盆子常被称为中国树莓,或者直接与红树莓混淆。果实可食的、用于园艺栽培生产的悬钩子属植物常被简称为树莓或可食悬钩子,在果树学分类上该属分为 5 个亚属,包括刺毛莓亚属、软枝莓亚属、大花莓亚属、空心莓亚属和实心莓亚属(俞德俊等,1979)。根据叶形描述和果实与花托同落等特点,掌叶覆盆子可归为实心莓亚属。欧美园艺界根据果实成熟后是否与花托分离,将悬钩子属植物分为树莓[含红树莓(*Rubus idaeus*)和黑树莓(*Rubus occidentalis*)]和黑莓种群(彭少兵等,2007)。黑莓果实成熟时不与花托分离,树莓则易与花托分离,据此判断掌叶覆盆子属黑莓种群;而从生长特性和果实颜色来看,掌叶覆盆子则接近红树莓。

1.4 染色体与基因组大小

通过根尖染色体制片,观察到掌叶覆盆子为二倍体,染色体数目 14 条(图 1-2),即 $2n=2x=14$(金亮等,2022)。利用流式细胞仪估测得到掌叶覆盆子基因组大小为 255.39Mb。利用二代测序(next generation sequencing，NGS;又称高通量测序，high-throughput sequencing)技术产生 50443380 条序列,通过 K-mer 分析估测其基因组大小为 262.2Mb,重复序列比例为 42.54%,杂合率为 0.91%。总体而言,掌叶覆盆子基因组为一般复杂基因组。

图 1-2　掌叶覆盆子染色体(1000 倍)(彩图见附录)

　　悬钩子属植物资源丰富,全世界共约 1000 种,但相关的分子生物学研究起步较晚,目前仅有 7 种悬钩子属植物完成了基因组测序。Vanburen 等(2016,2018)分别用二代测序和三代测序(single molecule real-time PacBio sequencing，SMRT,又称 PacBio 单分子实时测序)技术测定了黑树莓基因组的大小为 243Mb 和 290Mb,测序结果均上传至 GDR(Genome Database for Rosaceae)网站。Wang 等(2021)利用 ONT(Oxford nanopore technologies,牛津纳米孔技术)测定了掌叶覆盆子的基因组,总计 231.21Mb。Yang 等(2022)联合 ONT、Illumina HiSeq 和高通量染色体构象捕获(high-throughput chromosome conformation capture，Hi-C)技术完成了山莓(*Rubus corchorifolius*)基因组测序,总计 215.69Mb,含 26696 个基因。同年,还完成了红树莓 Anitra、Joan J 及尖齿黑莓(*Rubus argutus*)Hillquist 的基因组测序。2023 年,GDR 网站又公布了红树莓 Malling Jewel 和 Autumn Bliss 的基因组。Wang 等(2016)联合 *ITS*(内转录间隔区)、*GBSSI-2*(颗粒性结合淀粉合成酶编码基因)和 *PEPC*(磷酸烯醇式丙酮酸羧化酶编码基因)等分子标记证实了掌叶覆盆子和山莓遗传最接近。同时,有研究人员完成了掌叶覆盆子不同发育阶段果实的转录组测序、蛋白质组和代谢组分析,获得了大量的基础数据和基因信息(Chen et al.，2021b;Li et al.，2021)。分子手段的介入,为不少药用植物有效成分合成与调控机制的阐明打开了新的突破口,也为掌叶覆盆子的研究指明了方向。今后可深入挖掘上述数据,加快揭示掌叶覆盆子独特的代谢机制,加速掌叶覆盆子的育种和开发利用。

1.5 营养成分与价值

掌叶覆盆子叶片、未成熟果实和成熟果实均富含营养物质。掌叶覆盆子成熟红果鲜果重 2.71～7.25g,纵径为 1.65～2.38cm,横径为 1.48～2.08cm,果形指数为 0.94～1.26;总糖含量为 9.63%～15.80%,总酸含量为 0.84%～1.61%,糖酸比为 9.84∶1～22.57∶1;维生素 A(VA)、维生素 B_1(VB₁)、维生素 B_2(VB₂)、维生素 E(VE)和维生素 PP(VPP)含量分别为 0.11,0.24,0.46,14.79 和4.27mg/kg(顾姻等,1996;严建立等,2019;Chen et al.,2021a)。维生素 C(VC)含量为(33.8～67.59)mg/100g,约为红树莓、草莓、苹果和葡萄的 1.5,2.5,4.2 和 8.4 倍(盛义保等,2001;Chen et al.,2021a)。成熟果实含 17 种氨基酸(表 1-1),其中人体必需氨基酸 7 种,种类齐全,比例均衡;总氨基酸含量为 54.43～64.60mg/g,约为苹果和梨的 3 倍,与橘相当(盛义保等,2001;陈晓燕等,2012)。叶片各氨基酸含量和蛋白质含量均高于成熟果实。研究表明,黑莓营养物质和次生代谢产物能从叶片流向果实(Gutierrez et al.,2017)。因此,掌叶覆盆子的栽培管理和叶片营养成分情况将直接影响果实的品质。

表 1-1　掌叶覆盆子成熟果实和叶片氨基酸含量　　　　　单位:mg/g,干重

氨基酸种类	成熟果实	叶片	氨基酸种类	成熟果实	叶片
天冬氨酸	6.54～7.69	14.52～14.62	异亮氨酸	2.70～2.86	4.68～7.42
苏氨酸	1.58～2.42	3.87～7.43	亮氨酸	4.04～4.99	9.90～13.83
丝氨酸	2.77～2.91	6.11～6.97	赖氨酸	3.68～3.78	7.12～10.66
谷氨酸	9.55～15.31	16.31～17.13	组氨酸	2.09～2.42	2.71～4.25
甘氨酸	3.00～3.52	6.02～7.86	精氨酸	3.58～5.23	4.47～7.81
缬氨酸	2.85～3.38	7.75～8.91	脯氨酸	2.18～3.05	1.99～7.92
蛋氨酸	0.13～0.58	1.30～1.39	酪氨酸	1.48	4.19
丙氨酸	2.95～4.51	8.54～9.88	胱氨酸	0.99	1.35
苯丙氨酸	2.46～2.73	6.40～8.36			

我们在掌叶覆盆子种植第 2 年,以电感耦合等离子体(ICP)发射光谱仪测定叶片和未成熟果实的 P、K、Ca、Mg、Fe、Zn、Mn、B、Cu 和 Mo 等元素含量(表 1-2)。结果表明,掌叶覆盆子富含矿质元素,尤其是微量元素锌(Zn)和锰(Mn)。Zn 可促进人体生长发育,尤其是儿童智力发育,也可调节味觉、食欲和视觉。Mn 可促进

骨骼发育,促进蛋白质与核酸合成,增强机体免疫力。丰富的 Zn 和 Mn 有助于促进性激素的合成,维持性腺正常功能(杨小青等,2014)。蒋永海等(2021)和杜玲玲等(2022)总共测定了掌叶覆盆子药用果实中 31 种元素含量,发现不同产地掌叶覆盆子药用果实元素含量存在差异,Ca、Mn、Zn、Fe、K 和 Mg 等为特征元素,可作为品质评价的指标之一。

表 1-2　掌叶覆盆子果实和叶片矿质元素含量　　　　　　单位:g/kg,干重

矿质元素	未成熟果实	叶片	矿质元素	未成熟果实	叶片
P	2.85±0.15	2.20±0.05	Zn	0.12±0.019	0.11±0.022
K	14.67±1.06	15.78±0.42	Mn	0.26±0.052	0.44±0.037
Ca	5.25±0.27	9.57±0.42	B	0.048±0.005	0.055±0.003
Mg	1.96±.021	1.94±0.10	Cu	0.0080±0.0003	0.0061±0.0006
Fe	0.07±0.004	0.12±0.010	Mo	0.00057±0.0001	0.00067±0.0003

掌叶覆盆子成熟与未成熟果实可直接用于各类食品加工,包括果汁、果酱、果粉、果酒、糕点、冷饮和香料等(汤真,2012;陈晓燕等,2013;李桂兰等,2014;席高磊等,2018)。目前,掌叶覆盆子鲜果加工仍处于初试阶段,亟须加快深加工产品开发的步伐,以完善整个掌叶覆盆子产业链,促进掌叶覆盆子产业健康持续发展。

1.6　药用成分与药理活性

1.6.1　本草考证与药典应用

覆盆子一词有多用现象,民间有许多地方习用,文献中也有将悬钩子属植物(如树莓、山莓、插田泡等)果实都称为覆盆子的现象,以致读者难以明辨(管咏梅等,2023)。翻译软件也将覆盆子和 raspberry(树莓)互译。《中华人民共和国药典》(以下简称《中国药典》)1963 年版首次将蔷薇科植物覆盆子(*Rubus chingii* Hu)的干燥未成熟果实收载,记为"复盆子";1977 年版根据来源明确为"华东复盆子";1985 年版正式书写为华东覆盆子,其药用干燥果实特称为"覆盆子",沿用至今。据此,本书"覆盆子"特指华东覆盆子/掌叶覆盆子的药用干果。在青转黄时(图 1-3a)采摘,单果鲜重 1.10～1.93g,除尽梗叶,沸水浸 1～2min 后置烈日下晒干即可得药用干果。覆盆子为聚合果,呈圆锥形或扁圆锥形,由多数小核果聚合而成,高 0.6～1.3cm,直径为 0.5～1.2cm,重 0.30～0.57g,质硬,体轻,表面黄绿色

或淡棕色,基部中心凹入,顶端钝圆,宿萼棕褐色(图 1-3b)。每个小果易剥落,呈半月形,密被灰白色茸毛,腹部有突起的棱线,两侧有明显的网纹。气微,味微酸涩。

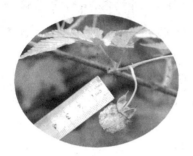 

(a) 鲜果　　　　　　　　　　　(b) 干果(覆盆子)

图 1-3　掌叶覆盆子的药用鲜果和干果

覆盆子药用历史悠久,古代本草记载的覆盆子并非一种。覆盆子最早出自《神农本草经》:"蓬蘽,主安五脏,益精气,长阴令坚,强志,倍力有子。一名覆盆,生平泽。"当时的人们认为覆盆子和蓬蘽是一物异名。《名医别录》将覆盆子和蓬蘽分开,"覆盆子,味甘,平,无毒,主益气轻身,令发不白""蓬蘽,味咸,无毒,又疗暴中风,身热、大惊"。南北朝陶弘景在《本草经集注》中又认为蓬蘽是根,覆盆子是果实。唐代《食疗本草》记载:"覆盆子,上主益气轻身,令人发不白。其味甜、酸。五月麦田中得者良。采其子于烈日中晒之,若天雨即烂,不堪收也。"宋代《开宝本草》认为:"蓬蘽乃覆盆之苗也,覆盆乃蓬蘽之子也。"可见,唐代之前,对于中药蓬蘽和覆盆子的描述,在名称上观点不一,但总体认为是来自同一植物(Sheng et al.,2020;廖天月等,2021)。

覆盆子名字的由来,有两种说法。一是从其果实形状,因其由多个小果聚合而成,形似小盆而得名。《本草经集注》云:"覆盆是实名,李云是莓子,乃似覆盆之形,而以津汁为味,其核甚微细。"可见,"覆盆"是因其形状像覆盖的瓦盆而取的名。二是从其功效。《本草衍义》云:"益肾脏,缩小便,服之当覆其溺器,如此取名。"《吴普本草》云:"缺盆,一名决盆。"因其果实具缩尿固精之功效,主治夜起症,不再需夜壶,故名"覆盆子""缺盆"(廖天月等,2021)。

明朝时期,覆盆子与蓬蘽已被确定为两种植物。李时珍在《本草纲目》中分别对植物形态做了详细描述,分成了灰白毛莓(*R. tephrodes* Hance)、华东覆盆子(*R. chingii* Hu)、蓬蘽(*R. hirsutus* Thunb)、山莓(*R. corchorifolius* L. F.)和蛇莓[*Duchesnea indica* (Andrew) Focke](廖天月等,2021)。以上植物,在不同时期不同地区民间都曾将其作为覆盆子使用。此时,主流品种已确立为华东覆盆子。

《本草通玄》记载:"覆盆子,甘平入肾,起阳治萎,固精摄溺,强肾而无燥热之偏,固精而无疑涩之害,金玉之品也。"

清至民国时期,覆盆子主流品种沿用华东覆盆子,但也仍存在多种悬钩子属植物果实,如蓬蘽、山莓、茅莓(*R. parvifolius* L.)、插田泡(*R. coreanus* Miq.)、寒莓(*R. buergeri* Miq.)等被当做覆盆子药用的现象。1959年《中药志》将华东覆盆子作为正品记载,此后《中国药典》《中国药材学》《中华草本》和《新编中药志》等均沿袭使用,明确覆盆子为华东覆盆子的药用干果。关于采收时期,《中国药典》1963年版记载"立夏后果实已饱满尚呈绿色时采摘";1977年版将采收时期改为"由绿变绿黄时采收"。这个采收时期沿用至今。2010版《中国药典》覆盆子质量标准未做改变,仅有性状鉴别和显微鉴别。2015年版《中国药典》首次完善了覆盆子的质量标准,规定了性状和显微鉴别标准、薄层色谱法鉴别标准,明确水分≤12.0%、总灰分≤9.0%、酸不溶性灰分≤2.0%、浸出物≥9.0%、鞣花酸(ellagic acid,EA)≥0.20%和山奈酚-3-O-芸香糖苷(kaempferol-3-O-rutinoside,K3R,也称nicotiflorin)≥0.03%,也明确了其检测方法,给药材收购提供了统一的检测依据。2020版《中国药典》沿用了2015版内容。

1.6.2 化学成分

研究人员对掌叶覆盆子化学成分的分析和分离主要集中于叶、果实和根,现已分离鉴定出235种以上化学成分,包括18种二萜、15种三萜、19种类黄酮、9种类固醇、7种生物碱、56种有机酸、95种挥发性物质及其他化合物(程丹等,2012;Yu et al.,2019;Sheng et al.,2020;吴洁琼等,2020)。表1-3列出了其中111种主要的化合物,包括一些覆盆子特征性或重要的物质,如二萜rubusoside(1)、ent-16β,17-二羟基贝壳杉烷-19-羧酸(18)、覆盆子苷F1~F7(2~6,10,11)、覆盆子苷G(12)和三萜覆盆子酸(24)、tormentic acid(25)、2-hydroxyursolic acid(27)、熊果酸(28)、蔷薇酸(29)、2α,19α,24-trihydroxyurs-12-ene-3-oxo-28-acid(32)等萜类物质,椴树苷(35)、山奈酚(36)、槲皮素(37)、槲皮素糖苷(39,40)、山奈酚糖苷[如山奈酚-3-O-β-D-芸香糖苷(45)]等黄酮类化合物,莽草酸(59)、鞣花酸(60)、4-羟基-3-甲氧基苯甲酸(62)、没食子酸(63)和香草酸(67)等酚酸类化合物,三十二烷酸(79)、硬脂酸(81)、十六碳烯酸(85)等脂肪酸和柠檬酸等有机酸,以及喹啉、异喹啉和吲哚类生物碱等。

有研究表明不同产地覆盆子药材样品中各化合物含量差异较大(刘明学等,2014)。覆盆子中鞣花酸和总黄酮含量随产地纬度升高而有所增加,东部产地(江、浙、闽、赣等)覆盆子总黄酮含量普遍高于中西部产地(川、贵、湘、桂)(何建明等,2013)。

表 1-3 掌叶覆盆子主要化学成分

种类	序号	化合物名称	分子式	来源	药理活性
二萜	1	rubusoside(甜茶苷)	$C_{32}H_{50}O_{13}$	叶	—
	2	goshonoside F1(覆盆子苷 F1)	$C_{26}H_{44}O_9$	叶	—
	3	goshonoside F2(覆盆子苷 F2)	$C_{27}H_{46}O_8$	叶	—
	4	goshonoside F3(覆盆子苷 F3)	$C_{32}H_{52}O_{14}$	叶	—
	5	goshonoside F4(覆盆子苷 F4)	$C_{32}H_{54}O_{13}$	叶	—
	6	goshonoside F5(覆盆子苷 F5)	$C_{32}H_{54}O_{14}$	叶	消炎
	7	hythiemoside A	$C_{28}H_{46}O_9$	叶	—
	8	hythiemoside B	$C_{28}H_{46}O_9$	叶	—
	9	14β,16-epoxy-7-pimarene-3α,15β-diol(ent-14β,16-环氧基-7-海松烯-3α,15β-二醇)	$C_{20}H_{32}O_3$	叶	抗真菌
	10	goshonoside F6(覆盆子苷 F6)	$C_{31}H_{52}O_{12}$	叶,果	—
	11	goshonoside F7(覆盆子苷 F7)	$C_{32}H_{54}O_{12}$	叶,果	—
	12	goshonoside G(覆盆子苷 G)	$C_{37}H_{62}O_{17}$	果	消炎
	13	ent-Labda-8(17),13E-diene-3α,15,18-triol	$C_{20}H_{34}O_3$	果	—
	14	ent-Labda-8(17),13E-diene-3β,15,18-triol	$C_{20}H_{34}O_3$	果	—
	15	15,18-di-O-β-D-glucopyranosyl-13(E)-ent-labda-7(8),13(14)-diene-3β,15,18-triol	$C_{32}H_{54}O_{13}$	果	—
	16	15,18-di-O-β-D-glucopyranosyl-13(E)-ent-labda-8(9),13(14)-diene-3β,15,18-triol	$C_{32}H_{54}O_{13}$	果	—
	17	15-O-β-D-apiofuranosyl-(1→2)β-D-glucopranosyl-18-O-β-D-glucopyranosyl-13(E)-ent-labda-8(9),13(14)-diene-3β,15,18-triol	$C_{37}H_{62}O_{17}$	果	抗肿瘤
	18	ent-16α,17-dihydroxy-kauran-19-oic acid(ent-16β,17-二羟基贝壳杉烷-19-羧酸)	$C_{20}H_{32}O_4$	果	—
三萜	19	oleanolic acid(齐墩果酸)	$C_{30}H_{48}O_3$	果	—
	20	maslinic acid(山楂酸)	$C_{30}H_{48}O_4$	果	—
	21	arjunic acid(阿江榄仁酸)	$C_{30}H_{48}O_5$	果	—
	22	2α,3α,19α-trihydroxyolean-12-ene-28-oic-acid	$C_{30}H_{48}O_5$	果	—
	23	sericic acid	$C_{30}H_{48}O_6$	果	—
	24	fupenzic acid(覆盆子酸)	$C_{30}H_{44}O_6$	果	—
	25	tormentic acid(vlingic acid)	$C_{30}H_{48}O_5$	果	—
	26	nigaichigoside F1(苦莓苷 F1)	$C_{36}H_{58}O_{11}$	果	—
	27	2α-hydroxyursolic acid(2α-羟基乌苏酸)	$C_{30}H_{48}O_4$	果	—
	28	ursolic acid(熊果酸)	$C_{30}H_{48}O_3$	果,根	降血糖
	29	euscaphic acid(蔷薇酸)	$C_{30}H_{48}O_6$	果,根	—

种类	序号	化合物名称	分子式	来源	药理活性
	30	hyptatic acid	$C_{30}H_{48}O_6$	果	—
	31	$2\alpha,19\alpha$-dihydroxy-3-oxo-12-ursen-28-oic acid	$C_{30}H_{46}O_5$	果	降血糖
	32	$2\alpha,19\alpha,24$-trihydroxyurs-12-ene-3-oxo-28-acid	$C_{30}H_{46}O_6$	果	—
	33	11α-hydroxyeuscaphic acid（11α-羟基蔷薇酸）	$C_{30}H_{48}O_6$	根	—
类黄酮	34	astragalin（紫云英苷/黄芪苷）	$C_{21}H_{20}O_{11}$	叶	消炎
	35	tiliroside（椴树苷）	$C_{30}H_{26}O_{13}$	叶	消炎、抗氧化、抗血栓形成
	36	kaempferol（山奈酚）	$C_{15}H_{10}O_6$	叶,果	抗氧化、抗血栓形成、抗骨质疏松
	37	quercetin（槲皮素）	$C_{15}H_{10}O_7$	叶,果	消炎、抗血栓形成、抗骨质疏松
	38	isoquercitrin（异槲皮苷）	$C_{21}H_{20}O_{12}$	叶,果	—
	39	quercetin-3-O-β-D-glucopyranoside（槲皮素-3-O-β-D-吡喃葡糖苷）	$C_{21}H_{20}O_{12}$	果	
	40	quercetin-3-O-glucuronide（槲皮素-3-O-葡萄糖苷酸）	$C_{21}H_{18}O_{13}$	果	
	41	kaempferol-3-O-β-D-glucuronic acid methyl ester（山奈酚-3-O-β-D-葡萄糖醛酸甲酯）	$C_{22}H_{20}O_{12}$	果	
	42	kaempferol-7-O-α-L-rhamnoside（山奈酚-7-O-α-L-鼠李糖苷）	$C_{21}H_{20}O_{10}$	果	
	43	kaempferol-3-O-hexoside（山奈酚-3-O-己糖苷）	$C_{21}H_{20}O_{11}$	果	
	44	kaempferol-3-glucuronide（山奈酚-3-葡萄糖苷酸）	$C_{21}H_{18}O_{12}$	果	
	45	kaempferol-3-O-β-D-rutinoside（山奈酚-3-O-β-D-芸香糖苷）	$C_{27}H_{30}O_{15}$	果	消炎、抗氧化
	46	rutin（芦丁）	$C_{27}H_{30}O_{16}$	果	
	47	2″-O-galloyl-hyperin（2″-O-没食子酸酰金丝桃苷）	$C_{28}H_{24}O_{16}$	果	
	48	aromadedrin（香橙素）	$C_{15}H_{12}O_{16}$	果	
	49	quercitrin（槲皮苷）	$C_{21}H_{20}O_{11}$	果	
	50	hyperoside（金丝桃苷）	$C_{21}H_{20}O_{12}$	果	
	51	cis-tiliroside（顺式银椴苷）	$C_{30}H_{26}O_{13}$	果	
	52	phloridzin（根皮素/苷）	$C_{21}H_{24}O_{10}$	果	

11

种类	序号	化合物名称	分子式	来源	药理活性
香豆素	53	esculetin(秦皮乙素)	$C_9H_6O_4$	果	—
	54	esculin(秦皮甲素)	$C_{15}H_{16}O_9$	果	—
	55	imperatorin(欧前胡素)	$C_{16}H_{14}O_4$	果	—
	56	rubusin A	$C_{12}H_8O_6$	果	抗骨质疏松
	57	rubusin B	$C_{12}H_6O_7$	果	抗骨质疏松
酚酸	58	4-hydroxybenzoic acid(4-羟基苯甲酸)	$C_7H_6O_3$	果	—
	59	shikimic acid(莽草酸)	$C_7H_{10}O_5$	果	—
	60	ellagic acid(鞣花酸)	$C_{14}H_6O_8$	果	降血糖、抗癌、抗氧化
	61	ethyl gallate(没食子酸乙酯)	$C_9H_{10}O_5$	果	—
	62	4-hydroxy-3-methoxy benzoic acid(4-羟基-3-甲氧基苯甲酸)	$C_8H_8O_4$	果	—
	63	gallic acid(没食子酸)	$C_7H_6O_5$	果	—
	64	p-coumaric acid(对香豆酸)	$C_9H_8O_3$	果	—
	65	salicylic acid(水杨酸)	$C_7H_6O_3$	果	—
	66	ferulic acid(阿魏酸)	$C_{10}H_{10}O_4$	果	—
	67	vanillic acid(香草酸)	$C_7H_6O_3$	果	抗氧化
	68	4-hydrobenzaldehyde	$C_7H_6O_2$	果	—
	69	raspberry ketone(覆盆子酮)	$C_{10}H_{12}O_2$	果	—
	70	brevifolin carboxylic acid(短叶苏木酚酸甲酯)	$C_{13}H_8O_8$	果	—
	71	ellagic acid hexuronide	$C_{20}H_{14}O_{14}$	果	—
	72	vanillin(香草醛)	$C_8H_8O_3$	果	—
	73	4-hydroxyphenylacetic acid(对羟基苯乙酸)	$C_8H_8O_3$	果	—
	74	hexacosyl p-coumarate(香豆酸二十六醇酯)	$C_{35}H_{60}O_3$	果	—
	75	resveratrol(白藜芦醇)	$C_{14}H_{12}O_3$	果	—
	76	methyl brevifolin-carboxylate(短叶苏木酚酸甲酚)	$C_{14}H_{10}O_8$	果	—
	77	liballinol	$C_{18}H_{18}O_4$	果	—
	78	4-[3-hydroxymethyl-5-(3-hydroxypropyl)-2,3-dihydrobenzofuran-2-yl]-2-methoxyphenol (4-[3-羟甲基-5-(3-羟丙基)-2,3-二氢苯并呋喃基]-2-愈伤木酚)	$C_{19}H_{22}O_5$	果	

续表

种类	序号	化合物名称	分子式	来源	药理活性
脂肪酸	79	dotriacontanoic acid(三十二烷酸)	$C_{32}H_{64}O_2$	果	—
	80	hexadecanoic acid(棕榈酸)	$C_{16}H_{32}O_2$	果	—
	81	stearic acid(硬脂酸)	$C_{18}H_{36}O_2$	果	—
	82	caproic acid(己酸)	$C_6H_{12}O_2$	果	—
	83	n-heptadecanoic acid(正十七烷酸)	$C_{17}H_{34}O_2$	果	—
	84	linoleic acid(亚油酸)	$C_{18}H_{32}O_2$	果	—
	85	2-hexadecenoic acid(十六碳烯酸)	$C_{16}H_{30}O_2$	果	—
	86	caprylic acid(辛酸)	$C_8H_{16}O_2$	果	—
	87	n-tetracosyl-p-coumarate	$C_{33}H_{56}O_3$	果	—
	88	oleic acid(油酸)	$C_{18}H_{34}O_2$	果	—
	89	α-linolenic acid(亚麻酸)	$C_{18}H_{30}O_2$	叶,果	—
	90	tetradecanoic acid(十四烷酸)	$C_{14}H_{28}O_2$	叶	—
	91	undecanoic acid(十一烷酸)	$C_{11}H_{22}O_2$	叶	—
	92	trans-traumatic acid(反式-2-十二碳烯二酸)	$C_{14}H_{28}O_2$	叶	—
	93	dodecanoic acid(月桂酸)	$C_{12}H_{24}O_2$	叶	—
	94	n-hexacosylferulate(阿魏酸二十六烷基酯)	$C_{12}H_{24}O_2$	果	—
	95	8,11,14-eicosatrienoic acid(二十碳三烯酸)	$C_{20}H_{34}O_2$	果	—
类固醇	96	β-sitosterol(β谷甾醇)	$C_{29}H_{50}O$	果,根	—
	97	daucosterol(胡萝卜甾醇)	$C_{35}H_{60}O_6$	果,根	—
	98	stigmast-4-ene-(3β,6α)-diol(豆甾-4-烯-3β,6β-二醇)	$C_{29}H_{50}O_2$	果	—
	99	stigmast-5-en-3-ol,oleate	$C_{47}H_{82}O_2$	果	—
	100	β-stigmasterol(β-豆甾醇)	$C_{29}H_{48}O$	果	—
	101	7α-hydroxy-β-sitosterol(7α-羟基-β谷甾醇)	$C_{29}H_{50}O_2$	果	—
	102	sitosterol palmitate(软脂酸谷甾醇酯)	$C_{45}H_{78}O_2$	果	—
	103	campesterol(菜油甾醇)	$C_{28}H_{48}O$	果	—
	104	γ-sitosterol(γ-谷甾醇)	$C_{29}H_{50}O$	果	—
生物碱	105	methyldiox-indole-3-acetate	$C_{11}H_{11}NO_4$	果	—
	106	methyl(3-hydroxy-2-oxo-2,3-dithydroindol-3-yl)-acetate	$C_{11}H_{11}NO_4$	果	抗氧化
	107	2-oxo-1,2-dihydroquinoline-4-carboxylic acid(2-羟基喹啉-4-羧酸)	$C_{10}H_7NO_3$	果	—
	108	4-hydroxy-2-oxo-1,2,3,4-terahydroquinoline-4-carboxylic acid(4-羟基-2-氧-1,2,3,4-四氢喹啉-4-羧酸)	$C_{10}H_9NO_4$	果	—

种类	序号	化合物名称	分子式	来源	药理活性
	109	rubusine	$C_{10}H_7NO_3$	果	—
	110	1-oxo-1,2-dihydroisoquinoline-4-carboxylic acid(1-氧-1,2-二氢异喹啉-4-羧酸)	$C_{10}H_7NO_3$	果	—
	111	methyl 1-oxo-1,2-dihydroisoquinoline-4-carboxylate(1-氧-1,2-二氢异喹啉-4-羧酸-甲酯)	$C_{11}H_9NO_3$	果	—

注:"—"表示覆盆子中该化合物尚未单独做药理试验。

1.6.3 药理活性

近十年来,覆盆子的药理研究取得了重要的突破,研究人员发现其所含多糖、酚酸类、黄酮等成分具有消炎、抗氧化、减肥、抗心血管疾病、护肝和抗肿瘤等多重功效。

(1)补肾护肝

覆盆子味酸、甘,性温,归肝、肾和膀胱经。秦汉时期,《神农本草经》和《名医别录》就记载其可"益精气、安五脏",历代本草均认为其是补肾要药(廖天月等,2021)。现代药理研究也表明覆盆子对肾阳虚模型动物有显著的保护和改善作用,对肝损伤动物有一定的保护作用,此外,还可保护视网膜神经节细胞(Yau et al.,2002;陈卫等,2019;季宇彬等,2019;张东蕾等,2018)。覆盆子果实提取物可通过 TGF-β/Smads 信号调控途径减轻肝纤维化(Wu et al.,2022)。《中国药典》对于覆盆子的功效描述为"益肾固精缩尿,养肝明目。用于遗精滑精,遗尿尿频,阳痿早泄,目暗昏花"(国家药典委员会,2015,2020)。可见,覆盆子补肾温阳、养肝明目等疗效确切。含覆盆子的中成药制剂已广泛使用,其功效主要为滋补肝肾、助孕和降糖。从《中国方剂学数据库》中可查到覆盆子的处方389种,从《中药成方制剂标准数据库》中可查到含覆盆子的中成药制剂 50 余种(郑琴等,2019)。2020 年版《中国药典》收载含覆盆子的制剂 16 个,均主治肾虚(表 1-4)。

表 1-4　2020 版《中国药典》收载含覆盆子中成药制剂

药品名称	功效	主治
五子衍宗丸	补肾益精	肾虚精亏致阳痿不育、遗精早泄、腰痛、尿后余沥
五子衍宗片	补肾益精	肾虚精亏致阳痿不育、遗精早泄、腰痛、尿后余沥

药品名称	功效	主治
西汉养生口服液(滋肾健脑液)	滋补肝肾,健脑安神	肝肾亏损致头晕头昏、健忘失眠、腰膝酸软、夜尿频多
全鹿丸	补肾填精,健脾益气	脾肾两亏致腰膝酸软、神疲乏力、畏寒肢冷、尿次频数、崩漏带下
男康片	益肾活血,清热解毒	肾虚血淤、湿热蕴结所致淋证
龟鹿补肾丸	补肾壮阳,益气血,壮筋骨	肾阳虚致虚弱疲乏、腰腿酸软、头晕目眩、精冷、性欲减退、小便夜多、健忘、失眠
补肾益精丸	滋补填精,补髓养血	肾精不足,头晕目眩,腰膝酸软,遗精梦泄及
坤宝丸	滋补肝肾,养血安神	肝肾阴虚所致绝经前后诸证
肾宝合剂	补肾温阳,固精益气	阳痿遗精,腰腿酸痛,精神不振,夜尿频多,畏寒怕冷,月经过多,白带清稀
肾宝糖浆	补肾温阳,固精益气	阳痿遗精,腰腿酸痛,精神不振,夜尿频多,畏寒怕冷,月经过多,白带清稀
参芪降糖片	益气,滋阴,补肾	气阴不足,肾虚消渴,2型糖尿病
参芪降糖胶囊	益气,滋阴,补肾	气阴不足,肾虚消渴,2型糖尿病
益肾灵颗粒	温阳补肾	肾气亏虚、阳气不足所致阳痿、早泄、遗精或弱精症
调经促孕丸	温肾健脾,活血调经	脾肾阳虚、瘀血阻滞所致月经不调、闭经、痛经、不孕
强阳保肾丸	补肾助阳	肾阳虚、腰酸腿软、精神倦怠、阳痿遗精

(2)消炎

脂多糖(Lipopolysaccharide,LPS)在体内可以通过细胞信号转导系统激活单核巨噬细胞、内皮细胞、上皮细胞等,合成和释放多种细胞因子和炎性介质,常用于建立急性炎症模型。研究表明,覆盆子苷 G、椴树苷、紫云英苷、金丝桃苷、槲皮素和山奈酚-3-O-β-D-芸香糖苷均可有效抑制 LPS 刺激后巨噬细胞 RAW264.7 中一氧化氮(NO)的产生而起到消炎作用(Sun et al.,2013；Zhang et al.,2015b)。其中椴树苷作用最显著,含量为 $100\mu g/mL$ 时达到 30.4％的抑制率。进一步研究证实,黄酮醇苷的抗炎症作用是通过抑制丝裂原活化蛋白激酶(MAPK)的激活实现的(Zhang et al.,2015b)。从掌叶覆盆子叶和果实中提取到的多糖也可抑制肿瘤坏死因子-α(TNF-α)、诱导型-氧化氮合成酶(iNOS)和白细胞介素-6(IL-6)编码基因的表达,具有显著的消炎作用(Zhang et al.,2015a)。覆盆子苷 F5 可降低巨噬细胞内 TNF-α、IL-6、NO 和前列腺素 E2 的水平而起到抗炎症作用(Sheng et al.,2020)。来自覆盆子的一种果胶多糖(RCHP-S),由甘露糖、鼠李糖、葡萄糖醛酸、半乳糖醛酸、葡萄糖、半乳糖和阿拉伯糖组成,可有效减轻小鼠肠炎(Kong et al.,2022)。从覆盆子中新分离到的酸性杂多糖(pRCP),具有明显的消炎抗氧化作用(Luo et al.,2023)。因此,掌叶覆盆子黄酮醇苷、多糖和覆盆子苷等均可作为潜在的消炎药成分。

(3)抗氧化和衰老

体内和体外实验均已证实掌叶覆盆子粗提物和其主要化学成分具有显著的抗氧化活性。覆盆子的乙醇、乙酸乙酯和丁醇提取物均具有较强的DPPH(1,1-二苯基-2-三硝基苯肼)自由基清除活性,IC_{50}值分别为17.9,3.4和4.0μg/mL;其中分离得到的methyl(3-hydroxy-2-oxo-2,3-dihydroindol-3-yl)-acetate(106)、香草酸、山奈酚和椴树苷DPPH自由基清除活性显著强于抗坏血酸[半抑制浓度(IC_{50})131.8μmol/L],IC_{50}值分别为45.2,34.9,78.5和13.7μmol/L(Ding et al.,2011)。当掌叶覆盆子果实和叶片多糖提取物、类黄酮、皂苷和生物碱含量在62.5~1000μg/mL范围内时,随浓度增加其抗氧化活性增强;当类黄酮含量为200μg/mL时,DPPH自由基清除率可达90%以上,而当多糖和皂苷含量为800μg/mL时,可清除90%以上的DPPH自由基(Zhang et al.,2015a,2017)。覆盆子多糖、总黄酮、多酚和水溶性蛋白均能有效清除活性氧,起到抗氧化作用(陈青青等,2020;田颖鹏等,2022;张露等,2022;Zhong et al.,2022;Luo et al.,2023)。从覆盆子果实分离到的3,3'-di-O-methylellagic acid 4-(5″-acetyl)-α-L-arabinofuranoside 和 esculetine(秦皮乙素)具有独特的抗氧化活性(He et al.,2020);分离到的22kDa糖蛋白可抑制丙二醛(MDA)形成,增强小鼠肾脏和血清中超氧化物歧化酶(SOD)和过氧化氢酶(CAT)活性,还可增强抗衰老基因 *klotho* 的表达(Zeng et al.,2018)。

(4)抗癌

掌叶覆盆子富含黄酮类成分和鞣花酸,不仅对致癌因子具有抑制作用,还能抑制和预防肿瘤细胞的生长和增殖。覆盆子提取物能显著抑制肝癌细胞增殖,有效诱导肿瘤细胞凋亡(亓贯和等,2010)。掌叶覆盆子叶和果实多糖可抑制肝癌细胞 Bel-7402、乳腺癌细胞 MCF-7 和肺癌细胞 A549 的增殖,当浓度为0.125~2.0 mg/mL时,72h内抑制效应呈现药物剂量和时间依赖性;叶片多糖的抗癌效果显著优于果实;且覆盆子类黄酮和皂苷的抑癌效果优于多糖和生物碱(Zhang et al.,2015a,2017)。Zhong等(2015)分离到3种二萜糖苷,表1-3中的化合物(15)、(16)和(17),并研究了它们对人盲肠腺癌细胞 HCT-8、肝癌细胞 Bel-7402、胃癌细胞 BGC-823、卵巢癌细胞 A2780 和肺癌细胞 A549 的作用,结果表明,表1-3中的化合物(17)具有抑制 A549 的功效,IC_{50}值为2.32μmol/L。覆盆子富含的鞣花酸和鞣花丹宁为癌症克星,研究表明其可抑制肝癌细胞 HCG、肺癌细胞 A549 和结肠癌细胞增殖,并通过磷脂酰肌醇-3-激酶(PI3K)信号途径诱导子宫内膜癌细胞凋亡(He et al.,2023)。此外,覆盆子类黄酮、皂苷、多糖和生物碱均表现出抗补体效应(Zhang et al.,2017)。

(5)降糖、降脂和降压

掌叶覆盆子的叶在民间作为茶饮已有悠久历史。现代研究表明掌叶覆盆子叶提取物具有降血脂和降血糖的作用(韩卓等,2014;郑琴等,2019)。覆盆子 70% 乙醇粗提物和原花青素可增强 2 型糖尿病模型大鼠肝脏 SOD 和谷胱甘肽过氧化物酶(GSH-Px)活性,降低空腹血糖、总胆固醇和甘油三酯水平,增加高密度脂蛋白水平,改善胰岛素合成与分泌,从而达到降血糖的作用(谢欣梅等,2013;曾小艳等,2022)。从覆盆子分离得到的 3 种三萜,熊果酸(28)、2-oxopomolic acid 和 2α,19α-dihydroxy-3-oxo-12-ursen-28-oic acid(31)可抑制蛋白酪氨酸磷酸酶 1B(PTP1B)活性(IC50 值分别为 7.1,23.1 和 $52.3\mu mol/L$),从而调节血糖水平,治疗 2 型糖尿病(Zhang et al.,2019)。Chen 等(2019)从覆盆子中鉴定到 25 种鞣花丹宁,其中分离到的 chingiitannin A 可作为糖尿病药物组分。体内和体外实验证实,掌叶覆盆子叶乙醇提取物具有良好的抗血栓功效,进一步分离到 6 种化合物,起抗血栓作用的主要是其中的山奈酚、槲皮素和椴树苷(Han et al.,2012)。覆盆子果实 70% 乙醇提取物可降低收缩压和心率,诱导血管舒张,且功效呈浓度依赖性(Su et al.,2014),其作用是通过激活内皮细胞的 Ca^{2+}-eNOS(内源一氧化氮合成酶)-NO 信号途径,进而刺激血管平滑肌细胞 NO-sGC(可溶性鸟苷酸环化酶)-cGMP(环磷酸鸟苷)-Kv(电压依赖性钾离子通道)信号通路实现的。以上研究表明覆盆子提取物具有一定的保护心血管和治疗糖尿病的功效。

(6)抗菌

研究表明,覆盆子乙醇提取物具有抗真菌活性,尤其是对具氟康唑(fluconazole)抗性的白念珠菌(*Candida albicans*)(Han et al.,2016)。从掌叶覆盆子叶分离得到的二萜 ent-14β,16-环氧基-7-海松烯-3α,15β-二醇(9)可抑制 4 种菌的生长,包括白念珠菌(*C. albicans*)、近平滑念珠菌(*C. parapsilosis*)、光滑念珠菌(*C. glabrata*)和克柔念珠菌(*C. krusei*)(Sheng et al.,2020),其最小抑菌浓度分别为 36.8,110.4,55.2 和 73.6$\mu g/mL$。

(7)抗骨质疏松

从掌叶覆盆子果实分离到的山奈酚和槲皮素能刺激成骨细胞的活性,rubusin B 和 rubusin A 能抑制破骨细胞活性以及骨吸收,从而发挥抗骨质疏松的作用

(Liang et al.,2015)。

除此之外,覆盆子还具有减肥、调节神经系统、抗焦虑、抗阿尔茨海默病、改善学习记忆、祛斑、抗致癌物氨基甲酸乙酯、抗核因子和免疫调节等作用(程丹等,2012;郑琴等,2019;Yu et al.,2019;Sheng et al.,2020；Ke et al.,2021;Wan et al.,2021；Xu et al.,2021；Wang et al.,2023b)。

参考文献

陈青青,李柯,唐晓清,耿丽,工磊,彭雅萍,2020.华东覆盆子果、茎与叶的酚类成分及抗氧化活性分析[J].食品科学,41(24):209-215.

陈卫,鲍涛,柯慧慧,2019.一种掌叶覆盆子多糖及其制备方法和在制备肝脏细胞脂毒性损伤抑制剂中的应用:201810891579.3[P].2019-01-22.

陈晓燕,陈少华,熊天昱,孙汉巨,程小群,2013.益肾型覆盆子复合饮料的制作工艺研究[J].北方园艺(19):133-136.

陈晓燕,孙汉巨,程小群,韩卓,李延红,2012.覆盆子的氨基酸组成及营养评价[J].合肥工业大学学报(自然科学版),35(12):1669-1672.

程丹,李洁,周斌,郑鹏武,2012.覆盆子化学成分与药理作用研究进展[J].中药材,35(11):1873-1876.

杜玲玲,常欣,桑旭峰,崔慧芳,蔡伟,2022.不同产地覆盆子27种矿质元素评价[J].中国现代应用药学,39(16):2112-2119.

樊柏林,许四元,李新兰,杨文详,曹可俊,刘家发,2006.湖北新分布种掌叶覆盆子(湖北甜茶)资源初步调查[J].公共卫生与预防医学,17(4):81.

傅承新,沈朝栋,黄爱军,1995.浙江悬钩子属植物的综合研究——资源调查、引种及开发利用前景[J].浙江农业大学学报,21(4):393-397.

顾姻,王传永,赵昌民,桑建忠,李维林,1996.悬钩子属种质的评价[J].植物资源与环境学报,3:6-13.

管咏梅,屈宝华,李慧,王慧,郭鑫,刘佳意,刘红宁,张荣,陈丽梅,2023.中药覆盆子及其成熟果实研究进展[J].中华中医药学刊,41(1):1-5.

国家药典委员会,1963.中华人民共和国药典(一部)[M].北京:中国医药科技出版社:204.

国家药典委员会,1977.中华人民共和国药典(一部)[M].北京:中国医药科技出版社:422.

国家药典委员会,1985.中华人民共和国药典(一部)[M].北京:中国医药科技出版社:342.

国家药典委员会,2015.中华人民共和国药典(一部)[M].北京:中国医药科技出版社:382.

国家药典委员会,2020.中华人民共和国药典(一部)[M].北京:中国医药科技出版社:399.

韩卓,刘丽姿,娄秋燕,孙汉巨,2014.覆盆子叶发酵茶的开发[J].北方园艺(4):116-119.

何建明,孙楠,吴文丹,范莉姣,郭美丽,2013.HPLC 测定覆盆子中鞣花酸、黄酮和覆盆子苷-F5 的含量[J].中国中药杂志,38(24):4351-4356.

黄勇,2014.浙江省青田县悬钩子属植物资源及其开发利用[J].现代农业科技(2):194-195.

季宇彬,包晓威,单宇,2019.覆盆子提取物对 ConA 致小鼠急性肝损伤的保护作用研究[J].中国中药杂志,44(4):774-780.

蒋永海,王伟倩,邓俊杰,吕林峰,2021.不同产地覆盆子微量元素含量的相关性研究[J].西北药学杂志,36(6):885-889.

金亮,李春楠,詹书侠,李小白,华金渭,2022.掌叶覆盆子染色体计数及基因组大小测定[J].分子植物育种,20(18):6009-6014.

李春奇,叶永忠,王志强,高磊,高致明,段增强,1995.河南野生悬钩子属植物资源[J].果树科学,12(4):258-261.

李桂兰,肖小年,芮成,王江南,2014.覆盆子及其产品开发研究进展[J].中外食品(3):30-33.

李国平,杨鹭生,1999.福建省悬钩子属植物种质资源研究[J].国土与自然资源研究(3):46-49.

李建光,陈小波,朱家平,麻谦仁,阮逸,潘彬荣,2005.温州地区野生悬钩子资源调查与开发利用[J].温州农业科技(3):6-8.

廖天月,詹志来,徐瑾,王开元,万晶琼,魏渊,孟武威,欧阳臻,2021.覆盆子本草考证[J].中国中药杂志,46(10):2607-2616.

刘明学,牛靖娥,2014.覆盆子研究进展及其资源开发利用[J].科技视界(22):26-27.

毛凤成,王俊玲,2022.淳安临岐覆盆子成"金盆子"[J].浙江林业(9):24-25.

米敏,江景勇,2017.台州市掌叶覆盆子产业的存在问题和发展对策[J].农村经济与科技,28(19):140-141.

彭少兵,郭军战,2007.不同树莓和黑莓品种的光合特性研究[J].西北农林科技大学(自然科学版),35(3):108-109.

亓贯和,王静,李业永,2010.覆盆子浆对原发性肝癌细胞影响的临床研究[J].山西中医学院学报,11(4):22-23.

盛义保,张存莉,童普升,杜宝山,2001.掌叶覆盆子的开发利用研究概况[J].陕西林业科技(4):71-74.

汤真,2012.覆盆子酒及酿造工艺:200810051664.5[P].2010-03-17.

田颖鹏,陈洁,汪磊,许飞,2022.提取方法对覆盆子多糖理化性质和体外生物活性的影响[J].食品工业科技,43(8):1-10.

汪美英,郑朝贵,1998.安徽悬钩子属植物资源及其开发利用[J].资源开发与市场,14(4):158-159.

王昌腾,2005.丽水生态示范区悬钩子植物资源及其开发利用[J].中国林副特产(2):51-53.

王建雄,肖小武,赵敏敏,陈丽楠,陈丹丹,王栋,付辉政,2023.覆盆子叶化学成分的研究[J].中成药,45(9):2916-2922.

吴洁琼,周燕霞,周兴卓,2020.覆盆子的化学成分研究进展[J].世界最新医学信息文摘,20(71):64-65.

席高磊,顾亮,蔡莉莉,刘前进,陈芝飞,韩路,杜佳,许克静,崔廷,冯颖杰,2018.一种乌梅和覆盆子的混合香料、其制备方法及在卷烟中的应用:201810239694.2[P].2018-09-18.

谢欣梅,庞晓斌,2013.覆盆子提取物对2型糖尿病动大鼠糖脂代谢的影响及对肝脏保护作用的研究[J].中成药,35(3):460-465.

闫翠香,丁新泉,夏昀,邵小明,2013.德兴覆盆子产业化发展策略[J].广东农业科学(20):234-236.

严建立,周历萍,张乐,王淑珍,忻雅,肖文斐,柴伟国,2019.掌叶覆盆子红熟果营养品质及耐贮性测定[J].浙江农业科学,60:242-244.

杨小青,龚才华,岳宇飞,李瑞瑞,王新,唐志华,2014.覆盆子微量元素的测定分析[J].饮料工业,17:27-30.

尹永飞,景志贤,张珂,刘小芬,李石清,刘浩,2019.华东覆盆子生态适宜性区划研究[J].中国现代中药,21(10):1342-1347.

游晓庆,陈慧,李晓辉,于宏,朱恒,黎芳,刘俊,2019.不同种源掌叶覆盆子种子和果实表型性状及发芽率研究[J].南方林业科学,47(3):16-19.

俞德俊,1979.中国果树分类学[M].北京:中国农业出版社:209-221.

俞德浚,陆玲娣,谷粹芝,李朝銮,关克俭,1985.中国植物志(第37卷)[M].北京:科学出版社:118.

曾小艳,李永平,赵钰,童丽,2022.覆盆子原花青素对2型糖尿病大鼠糖脂代谢及抗氧化作用影响的研究[J].现代中药研究与实践,36(1):18-21.

张东蕾,杜威威,何向东,何伟,2018.覆盆子提取物在制备预防和治疗视网膜损伤性疾病药物中的应用:201711294882.7[P].2018-06-15.

张露,王夜寒,梅强根,严玉杰,程鑫鹏,谢作桦,贾晓燕,涂宗财,2022.覆盆子不同多酚组成及抗氧化、抗糖尿病活性[J].食品科学,43:192-199.

张志勇,赖小荣,1999.井冈山悬钩子属植物资源的初步研究[J].江西农业大学学报,21
　　(3):395-398.

郑琴,吴玲,王科楠,祝天才,夏昀,张斌,章德林,2019.覆盆子研究概况及产品开发趋势分
　　析[J].中药材,42(5):1204-1208.

Chen Y, Chen ZQ, Guo QW, Gao XD, Ma QQ, Xue ZH, Ferri N, Zhang M, Chen HX,
　　2019. Identification of ellagitannins in the unripe fruit of *Rubus chingii* Hu and
　　evaluation of its potential antidiabetic activity[J]. J Agric Food Chem,67:7025-7039.

Chen Z, Jiang JY, Li XB, Xie YW, Jin ZX, Wang XY, Li YL, Zhong YJ, Lin JJ, Yang
　　WQ,2021a. Bioactive compounds and fruit quality of Chinese raspberry, *Rubus chingii*
　　Hu varied with genotype and phenological phase[J]. Sci Hortic,281:109951.

Chen Z, Jiang JY, Shu LZ, Li XB, Huang J, Qian BY, Wang XY, Li X, Chen JX, Xu
　　HD,2021b. Combined transcriptomic and metabolic analyses reveal potential
　　mechanism for fruit development and quality control of Chinese raspberry (*Rubus
　　chingii* Hu)[J]. Plant Cell Rep,40:1923-1946.

Ding HY,2011. Extracts and constituents of *Rubus chingii* with 1,1-diphenyl-2-picrylhydrazyl
　　(DPPH) free radical scavenging activity[J]. Int J Mol Sci,12:3941-3949.

Gutierrez E, Garcia-Villaraco A, Lucas JA, Gradillas A, Gutierrez-Mañerg FJ, Rarnos-
　　Solano B, 2017. Transcriptomics, targeted metabolomics and gene expression of
　　blackberry leaves and fruits indicate flavonoid metabolic flux from leaf to red fruit[J].
　　Front Plant Sci,8:472.

Han B, Chen J, Yu YQ, Cao YB, Jiang YY,2016. Antifungal activity of *Rubus chingii*
　　extract combined with fluconazole against fluconazole-resistant Candida albicans[J].
　　Microbiol Immunol,60(2):82-92.

Han N, Gu Y, Ye C, Cao Y, Liu Z, Yin J,2012. Antithrombotic activity of fractions and
　　components obtained from raspberry leaves (*Rubus chingii*)[J]. Food Chem,132:
　　181-185.

He B H, Dai L H, Jin L, Liu Y, Li XJ, Luo MM, Wang ZA, Kai GY,2023. Bioactive
　　components, pharmacological effects and drug development of traditional herbal
　　medicine Rubus chingii Hu(Fu-Pen-Zi). Front Nutr,9:1052504.

He YQ, Jin SS, Ma ZY, Zhao J, Yang Q, Zhang Q, Zhao YJ, Yao BH,2020. The
　　antioxidant compounds isolated from the fruits of Chinese wild raspberry *Rubus
　　Chingii* Hu[J]. Nat Prod Res,34(6):872.

Ke HH, Bao T, Chen W,2021. A new function of polysaccharide from *Rubus chingii* Hu:
　　protective effect against ethyl carbamate-induced cytotoxicity[J]. J Sci Food Agric,101
　　(8):3156-3164.

Kong Y，Hu Y，Li J，Cai J，Qiu Y，Dong C，2022. Anti-inflammatory effect of a novel pectin polysaccharide from *Rubus chingii* Hu on colitis mice[J]. Front Nutr，9：868657.

Li XB，Jiang JJ，Chen Z，Jackson A，2021. Transcriptomic，proteomic and metabolomic analysis of flavonoid biosynthesis during fruit maturation in *Rubus chingii* Hu[J]. Front Plant Sci，12：706667.

Liang WQ，Xu GJ，Weng D，Gao B，Zheng XF，Qian Y，2015. Antiosteoporotic components of *Rubus chingii*[J]. Chem Nat Compd，51：47-49.

Luo HQ，Ying N，ZhaoQH，Chen JL，Xu HY，Jiang W，Wu YZ，Wu YL，Gao HC，Zheng H，2023. A novel polysaccharide from *Rubus chingii* Hu unripe fruits：extraction optimization，structural characterization and amelioration of colonic inflammation and oxidative stress[J]. Food Chem，421：136152.

Sheng JY，Wang SQ，Liu KH，Zhu B，Zhang QY，Qin LP，Wu JJ，2020. *Rubus chingii* Hu：an overview of botany，traditional uses，phytochemistry，and pharmacology[J]. Chi J Nat Medicines，18：401-416.

Su XH，Duan R，Sun YY，Wen JF，Kang DG，Lee HS，Cho KW，Jin SN，2014. Cardiovascular efects of ethanol extract of *Rubus chingii* Hu(Rosaceae) in rats：an in vivo and in vitro approach[J]. J Physiol Pharmacol，65：417-424.

Sun N，Wang Y，Liu Y，Guo ML，Yin J，2013. A new ent-labdane diterpene saponin from the fruits of *Rubus chingii*[J]. Chem Nat Comp，49：49-53.

Vanburen R，Bryant D，Bushakra JM，Vining KJ，Edger PP，Rowley ER，Priest HD，Michael TP，Lyons E，Filichkin SA，Dossett M，Finn CE，Bassil NV，Mockler TC，2016. The genome of black raspberry(*Rubus occidentalis*)[J]. Plant J，87：535-547.

Vanburen R，Wai CM，Colle M，Wang J，Sullivan S，Bushakra JM，Liachko I，Vining KJ，Dossett M，Finn CE，Jibran R，Chagné D，Childs K，Edger PP，Mockler TC，Bassil NV，2018. A near complete，chromosome-scale assembly of the black raspberry (*Rubusoccidentalis*) genome[J]. Giga Science，7：1-9.

Wan J，Wang XJ，Guo N，Wu XY，Xiong J，Zang Y，Jiang CX，Han B，Li J，Hu JF，2021. Highly oxygenated triterpenoids and diterpenoids from Fructus rubi (*Rubus chingii* Hu) and their NF-kappa B inhibitory dffects[J]. Molecules，26：1911.

Wang JX，Xiao XW，Zhou N，Zhao M，Lang SQ，Ren Q，Wang D，Fu HZ，2023a. Rubochingosides A-J，labdane-type diterpene glycosides from leaves of *Rubus chingii* [J]. Phytochemistry，210：113670.

Wang JY，Zhang X，Yu JD，Du J，Wu XH，Chen L，Wang R，Wu YC，Li YM，2023b. Constituents of the fruits of *Rubus chingii* Hu and their neuroprotective effects on human neuroblastoma SH-SY5Y cells[J]. Food Res Int，173：113255.

Wang LJ，Lei T，Han GM，Yue JY，Zhang XR，Yang Q，Ruan HX，Gu CY，Zhang Q，Qian T，Zhang NN，Qian W，Wang Q，Pang XJ，Shu Y，Gao LP，Wang YS，2021. The chromosome-scale reference genome of *Rubus chingii* Hu provides insight into the biosynthetic pathway of hydrolysable tannins[J]. Plant J,107:1466-1477.

Wang Y，Chen Q，Chen T，Tang H，Liu L，Wang XR，2016. Phylogenetic insights into Chinese *Rubus*（Rosaceae）from multiple chloroplast and nuclear DNAs[J]. Front Plant Sci,7:968.

Wu JJ，Zhang DQ，Zhu B，Wang SQ，Xu YB，Zhang CC，Yang HL，Wang SC，Liu P，Qin LP，Liu W，2022. *Rubus chingii* Hu unripe fruits extract ameliorates carbon tetrachloride-induced liver fibrosis and improves the associated gut microbiota imbalance[J]. Chin Med,17(1):56.

Xu Wei，Zhao M，Fu XY，Hou J，Wang Y，Shi FS，Hu SH，2021. Molecular mechanisms underlying macrophage immunomodulatory activity of *Rubus chingii* Hu polysaccharides[J]. Int J Biol Macromol,185:907-916.

Yang YQ，Zhang K，Xiao Y，Zhang LK，Huang YL，Li X，Chen SM，Peng YS，Yang SH，Liu YB，Cheng F，2022. Genome assembly and population resequencing reveal the geographical divergence of ' Shanmei ' (*Rubus corchorifolius*) [J]. Genomics, Proteomics & Bioinformatics,20:1106-1118.

Yau MH，Che CT，Liang SM，Kong YC，Fong WP，2002. An aqueous extract of Rubus chingii fruits protects primary rat hepatocytes against tert-butyl hydroperoxide induced oxidative stress[J]. Life Sci,72:329-338.

Yu GH，Luo ZQ，Wang WB，Li YH，Zhou YT，Shi YY，2019. *Rubus chingii* Hu: a review of the phytochemistry and pharmacology[J]. Front Pharmacol,10: 799.

Zeng HJ，Liu Z，Wang YP，Yang D，Yang R，Qu LB，2018. Studies on the anti-aging activity of a glycoprotein isolated from Fupenzi(*Rubus chingii* Hu.) and its regulation on klotho gene expression in mice kidney[J]. Int J Biol Macromol,119:470-476.

Zhang TT，Liu YJ，Yang L，Jiang JG，Zhao JW，Zhu W，2017. Extraction of antioxidant and antiproliferative ingredients from fruits of *Rubus chingii* Hu by active tracking guidance[J]. Medchemcomm,8:1673-1680.

Zhang TT，Lu CL，Jiang JG，Wang M，Wang DM，Zhu W，2015a. Bioactivities and extraction optimization of crude polysaccharides from the fruits and leaves of *Rubus chingii* Hu[J]. Carbohydrate Polymers,130:307-315.

Zhang TT，Wang M，Yang L，Jiang JG，Zhao JW，Zhu W，2015b. Flavonoid glycosides from *Rubus chingii* Hu fruits display anti-infammatory activity through suppressing MAPKs activation in macrophages[J]. J Funct Foods,18:235-243.

Zhang XY，Li W，Wang J，Li N，Cheng MS，Koike K，2019. Protein tyrosine phosphatase 1B inhibitory activities of ursane-type triterpenes from Chinese raspberry，fruits of *Rubus chingii*[J]. Chin J Nat Med，17(1)：15-21.

Zhong J，Wang Y，Li C，Yu Q，Xie J，Dong R，Xie Y，Li B，Tian J，Chen Y，2022. Natural variation on free，esterified，glycosylated and insoluble-bound phenolics of *Rubus chingii* Hu：correlation between phenolic constituents and antioxidant activities [J]. Food Res Int，162：112043.

Zhong RJ，Guo Q，Zhou GP，Fu HZ，Wan KH，2015. Three new labdane-type diterpene glycosides from fruits of *Rubus chingii* and their cytotoxic activities against five humor cell lines[J]. Fitoterapia，102：23-26.

第 2 章 掌叶覆盆子种质资源评价及新品种选育

掌叶覆盆子（*Rubus chingii* Hu）为蔷薇科悬钩子属植物。该属植物种类丰富，种内和种间杂交十分普遍。不同种源的掌叶覆盆子在开花物候期、果实成熟期、果实大小、种子大小和萌发率、产量，以及药用成分含量等方面均具有丰富的多样性（潘彬荣等，2011；Chen et al.，2021；姚鑫等，2021；何庆海等，2021；华金渭等，2022；黄明文等，2022；刘桂凤等，2023）。近年来覆盆子产业快速兴起，品种鱼龙混杂，选育与评价方法亟待建立与优化。目前田间选育仅以果实大小为唯一指标，而药果检测周期长，方法复杂，因此亟须建立有效便捷的检测方法，并对选育认定的优良品种进行推广种植，从而生产高产优质的覆盆子。我们系统分析了不同株系、不同产地来源的掌叶覆盆子青转黄（green-to-yellow，GY）果实药用成分含量和成熟红果（red，Re）品质，及其与果实发育之间的关系；建立了基于超高效液相色谱的指纹图谱，利用多元分析综合评价了掌叶覆盆子的果实品质，并初步筛选到了适合的分子标记，选育出一些优质品种/株系，为掌叶覆盆子良种选育奠定了科学基础。

2.1 掌叶覆盆子形态特征

2.1.1 茎

掌叶覆盆子植株高 1.5～3m，丛生，茎直立，嫩枝绿色或棕红色，具皮刺，长约 3～4mm（图 2-1）。不同株系皮刺密度不同，根据 2 年生枝条主干离地 40～55cm 处的皮刺数量（N），可将茎分为皮刺密集（$N \geqslant 30$）、中等（$15 \leqslant N < 30$）、稀疏（$N <$

15)及无刺(N＝0)(孙健等,2021)。皮刺初始为浅绿色,老熟后刺尖变褐,更坚硬,刺基部宽扁。老枝为暗灰色、绿色或棕红色,结果之后干枯,死亡。

图 2-1 掌叶覆盆子的茎与皮刺

2.1.2 叶

掌叶覆盆子单叶互生,叶柄长 2～4cm,叶片掌状,5 或 7 裂,5 裂为主,约 3.8cm×4.4cm,单叶平均面积约 22.0 cm²,裂片的中间一片最大,长卵形,先端渐尖,多呈现尾状;而两侧的裂片变小,先端渐尖、尾状,基部近心形,再往两侧裂片更小。叶缘具重锯齿,叶片上、下面叶脉上可见白色短柔毛,下面叶脉上多具皮刺,少部分无刺,主脉与裂片数相同,一般为 5 条,叶柄的基部可见 2 枚针形条状托叶(图 2-2)。

| (a) 五裂叶 | (b) 七裂叶 | (c) 带叶嫩枝（左有刺，右无刺） |

图 2-2 掌叶覆盆子的叶

2.1.3　根

掌叶覆盆子的根为多年生宿根,黄褐色,由根状茎和侧生根构成,生长健壮时侧生根系发达,须根仅在植株周围分布。根状茎水平生长,易产生不定芽,根蘖再生新的植株(图 2-3)。根系分布浅,垂直分布深度一般小于 45cm,少量大于 70cm,集中分布在 10～40cm 表土层内。

图 2-3　掌叶覆盆子的根

2.1.4　混合芽与花

掌叶覆盆子的芽单生于枝条叶腋处,为混合芽,芽体有鳞片保护(图 2-4a)。在浙江台州,掌叶覆盆子一般于 2 月中下旬至 3 月初萌芽,3～4d 后花芽展露,先展叶后开花(图 2-4),花期约 20d。花冠平均直径为 4.35cm,花柄平均长 2.52cm。混合芽中花数为 1～3 朵,1 朵花占比 84%,2 朵花占比 14%,3 朵花占比 2%。花两性,花瓣 5 枚,白色,卵圆形;萼片 5 枚,绿色,披针形;花瓣和萼片互生,花萼基部相连;雄蕊多数,离生,着生于花萼筒上,最外面的一轮雄蕊高约 8.80mm,最里面的一轮雄蕊高约 7.00mm;雌蕊多数,离生,螺旋状着生于凸起的花托上,雌蕊的柱头紧贴花托,花开放时略微向外翻折,高度 4.9～5.0mm。花药"个"字形,花粉近球形,萌发孔沟浅、窄,长达两极,沟末具瘤状突起;内孔圆形、突起;外壁细条纹状,条纹不规则加宽。

27

(a) 混合芽

(b) 现蕾

(c) 花

图 2-4 掌叶覆盆子混合芽、现蕾与花

2.1.5 果实与种子

掌叶覆盆子的果实为聚合果,由多数小核果聚合在膨大的花托上形成,密被白色柔毛,下垂。药用非成熟果实,干燥后呈圆锥形或扁圆锥形,基部中心凹入,顶端钝圆,黄绿色或淡棕色;宿萼棕褐色,上有残存棕色花丝,下有果梗痕;小果易剥落,每个小果呈月形,背面密被灰白色茸毛,两侧有明显的网纹,腹部有突起的棱线。果实成熟时呈红色,成熟后从果柄处脱落,小核果与其内部肉质花托紧密着生在一起而形成聚合果,聚合果多浆,果实近球形,密被灰白色柔毛,直径 1.5～2cm,不同产地果实大小各异,鲜重 2.71～10.18g(图 2-5)。

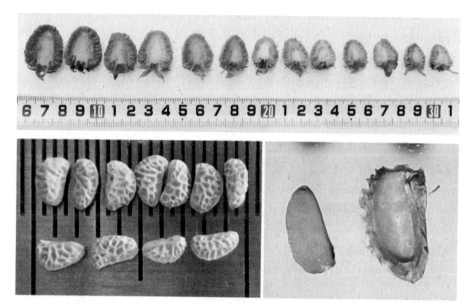

图 2-5　掌叶覆盆子的果实和种子(彩图见附录)

掌叶覆盆子种子呈现浅黄色或带紫红色,扁平,卵圆形或肾形;肉眼看较光滑,种壳坚硬且为蜡质。腹侧直,背侧弓形,长 1.5～2.5mm,宽 0.9～1.6mm,厚 0.7～0.9mm(图 2-5)。两面隆起,具网状凸棱,背棱明显。种脐在腹侧中下部,长卵形,长度约为种子的 1/2。种皮厚,种壳(内果皮)厚 0.19～0.28mm,占总厚度的 50%左右。双子叶,有胚乳。平均千粒重 1.152g,种子有仁率为 93.4%,种皮重为风干种子的 74.8%。随着储藏年份的增加,种子的活力逐渐下降,储藏超过 1 年的种子,活力低于 10%,且酸蚀破壳后种子也难以萌发,常温两年以上丧失活力。

2.1.6　悬钩子近缘种的形态区别

悬钩子属植物分布广泛,种类繁多,全世界有 900～1000 种(张丽等,2014;Wang et al.,2016)。我国现有悬钩子属植物 208 种,98 个变种,特有种 138 种,从南到北都有分布,包括辽宁、吉林、黑龙江、云南、广东、广西等27个省份,并以西南地区分布最为集中(王小蓉等,2006)。在浙江分布的悬钩子属植物大约有34种(傅承新等,1995)。根据前文所述形态特征,我们对浙江常见悬钩子属植物做简单区分。

掌叶覆盆子果实为众多小核果集生于花托上形成的聚合果,每个小核果内含1粒种子,果实成熟时聚合果与膨大花托一起从果柄处脱落,小核果不与花托分离;山莓(*Rubus corchorifolius* L. f.)果实成熟时也不与花托分离,但其叶形为幼时戟形,成熟叶卵形或卵状披针形;蓬蘽(*Rubus hirsutus* Thunb.)和三花悬钩子(*Rubus trianthus* Focke,又称三花莓)果实成熟时与花托分离,为空心果(图2-6)。掌叶覆盆子为直立灌木,高2～3m 单叶掌状5裂或7裂,稀3裂。蓬蘽广泛分布于田埂和山脚,植株一般在1m以下;小叶3～5枚,卵形或宽卵形,顶端集尖。因蓬蘽比其他悬钩子属植物更为常见,一般人很容易将其与掌叶覆盆子混淆。蓬蘽果实空心,不耐储藏,4月下旬开始结果,果实口味易受天气影响,雨水多时口味淡。山莓也易与掌叶覆盆子混淆,其植株直立,高1～3m;单叶,卵形或卵状披针形;果期4—6月,与掌叶覆盆子相近;果实香甜口味佳,为人喜爱。三花悬钩子与山莓最大的区别是花3朵或超过3朵,成短总状花序,顶生;果实近球形,果期5—6月,果实略带涩味。单瓣空心泡(*Rubus rosaefolius* Smith)植株形态与蓬蘽相近;小叶5～7枚,卵状披针形或披针形,边缘有尖锐缺刻状重锯齿,刺密;果实小,口味酸,果期6—7月。茅莓(*Rubus parvifolius* L.)主要分布在海拔400～2600米的山坡杂木林下、向阳山谷、路旁或荒野;枝条呈弓形弯曲,被柔毛和稀疏钩状皮刺;小叶3枚,菱状圆形或倒卵形;伞房花序顶生或腋生;果期晚于掌叶覆盆子,为7—8月。高粱泡(*Rubus lambertianus* Ser.)单叶宽卵形,长5～10cm,宽1～8cm;圆锥花序顶生;果实小,近球形,口味涩,果期9—10月。因此,结合植株性状、叶片形态以及果实形态,可区分掌叶覆盆子和其他悬钩子属植物(图2-7)。

(a) 掌叶覆盆子　　　(b) 蓬蘽　　　　(c) 山莓　　　　(d) 三花悬钩子

图2-6　四种悬钩子属植物的成熟果实(彩图见附录)

(a) 掌叶覆盆子　　　(b) 蓬蘽　　　(c) 单瓣空心泡　　　(d) 茅莓

(e) 高粱泡　　　(f) 山莓　　　(g) 三花悬钩子　　　(h) 寒莓

图 2-7　八种悬钩子属植物形态(彩图见附录)

2.2　掌叶覆盆子资源收集与选育

经过多地考察、走访和收集,我们从浙江台州的天台石梁镇和苍山、三门林家洋村、黄岩上垟和宁溪镇、临海括苍镇和尤溪镇等地收集了野生掌叶覆盆子(*Rubus chingii* Hu)种苗 1000 余株,并从浙江温州、丽水、金华磐安和江西德兴等地引种掌叶覆盆子根蘖苗 12000 余株,在临海尤溪镇(28.73°N,121.09°E)建立种植基地 15 余亩。经过连续 3 年的观察和选育,共获得掌叶覆盆子优质种质 50 份,标记为株系 L1～L50(表 2-1),并通过根蘖和组培繁育扩大种苗,各株系苗已扩繁至 5～50 株。另从江苏、天台华顶等地收集蓬蘽、单瓣空心泡、重瓣空心泡[*Rubus rosifolius* Smith var. *coronarius*(Sims)Focke]、高粱泡、红腺悬钩子(*Rubus sumatranus* Miq.)、山莓、三花悬钩子、茅莓、光滑悬钩子(*Rubus tsangii* Merr.)和太平莓(*Rubus pacificus* Hance)等多种悬钩子属野生资源,以及黑莓(*Rubus fructicosus*)无刺品种 Hull 和红树莓(*Rubus idaeus* L.),与掌叶覆盆子进行杂交育种。

表 2-1 掌叶覆盆子及其他悬钩子属植物种质资源

株系	种质名称	种名	学名	来源
L1	掌叶覆盆子	掌叶覆盆子	*Rubus chingii* Hu	浙江丽水
L2	掌叶覆盆子	掌叶覆盆子	*Rubus chingii* Hu	浙江丽水
L3	掌叶覆盆子	掌叶覆盆子	*Rubus chingii* Hu	浙江台州
L4	掌叶覆盆子	掌叶覆盆子	*Rubus chingii* Hu	浙江台州
L5	掌叶覆盆子	掌叶覆盆子	*Rubus chingii* Hu	浙江台州
L6	掌叶覆盆子	掌叶覆盆子	*Rubus chingii* Hu	浙江台州
L7	掌叶覆盆子	掌叶覆盆子	*Rubus chingii* Hu	浙江台州
L8	掌叶覆盆子	掌叶覆盆子	*Rubus chingii* Hu	浙江台州
L9	掌叶覆盆子	掌叶覆盆子	*Rubus chingii* Hu	浙江台州
L10	掌叶覆盆子	掌叶覆盆子	*Rubus chingii* Hu	浙江台州
L11	掌叶覆盆子	掌叶覆盆子	*Rubus chingii* Hu	浙江台州
L12	掌叶覆盆子	掌叶覆盆子	*Rubus chingii* Hu	浙江台州
L13	掌叶覆盆子	掌叶覆盆子	*Rubus chingii* Hu	浙江台州
L14	掌叶覆盆子	掌叶覆盆子	*Rubus chingii* Hu	浙江台州
L15	掌叶覆盆子	掌叶覆盆子	*Rubus chingii* Hu	福建霞浦
L16	掌叶覆盆子	掌叶覆盆子	*Rubus chingii* Hu	浙江台州
L17	掌叶覆盆子	掌叶覆盆子	*Rubus chingii* Hu	福建霞浦
L18	掌叶覆盆子	掌叶覆盆子	*Rubus chingii* Hu	浙江台州
L19	掌叶覆盆子	掌叶覆盆子	*Rubus chingii* Hu	浙江台州
L20	掌叶覆盆子	掌叶覆盆子	*Rubus chingii* Hu	浙江金华
L21	掌叶覆盆子	掌叶覆盆子	*Rubus chingii* Hu	浙江台州
L22	掌叶覆盆子	掌叶覆盆子	*Rubus chingii* Hu	浙江台州
L23	掌叶覆盆子	掌叶覆盆子	*Rubus chingii* Hu	浙江台州
L24	掌叶覆盆子	掌叶覆盆子	*Rubus chingii* Hu	浙江台州
L25	掌叶覆盆子	掌叶覆盆子	*Rubus chingii* Hu	浙江台州
L26	掌叶覆盆子	掌叶覆盆子	*Rubus chingii* Hu	浙江磐安
L27	掌叶覆盆子	掌叶覆盆子	*Rubus chingii* Hu	浙江磐安
L28	掌叶覆盆子	掌叶覆盆子	*Rubus chingii* Hu	浙江磐安
L29	掌叶覆盆子	掌叶覆盆子	*Rubus chingii* Hu	浙江磐安
L30	掌叶覆盆子	掌叶覆盆子	*Rubus chingii* Hu	江西德兴
L31	掌叶覆盆子	掌叶覆盆子	*Rubus chingii* Hu	江西德兴
L32	掌叶覆盆子	掌叶覆盆子	*Rubus chingii* Hu	江西上饶

续表

株系	种质名称	种名	学名	来源
L33	18-1-1(F1)	—	—	单瓣空心泡×L3
L34	18-1-2(F1)	—	—	单瓣空心泡×L3
L35	18-1-3(F1)	—	—	单瓣空心泡×L3
L36	18-1-4(F1)	—	—	单瓣空心泡×L3
L37	18-2-1(F1)	掌叶覆盆子	*Rubus chingii* Hu	L14×L3
L38	18-2-2(F1)	掌叶覆盆子	*Rubus chingii* Hu	L14×L3
L39	19-1-1(F1)	掌叶覆盆子	*Rubus chingii* Hu	L3⊗
L40	19-1-2(F1)	掌叶覆盆子	*Rubus chingii* Hu	L3⊗
L41	19-2-1(F1)	掌叶覆盆子	*Rubus chingii* Hu	L7⊗
L42	19-2-2(F1)	掌叶覆盆子	*Rubus chingii* Hu	L7⊗
L43	19-3-1(F1)	掌叶覆盆子	*Rubus chingii* Hu	L3×L6
L44	19-3-2(F1)	掌叶覆盆子	*Rubus chingii* Hu	L3×L6
L45	19-4-1(F1)	掌叶覆盆子	*Rubus chingii* Hu	L7×L3
L46	19-4-2(F1)	掌叶覆盆子	*Rubus chingii* Hu	L7×L3
L47	19-5-1(F1)	掌叶覆盆子	*Rubus chingii* Hu	L20⊗
L48	19-5-2(F1)	掌叶覆盆子	*Rubus chingii* Hu	L20⊗
L49	19-6-1(F1)	掌叶覆盆子	*Rubus chingii* Hu	L3×L20
L50	19-6-2(F1)	掌叶覆盆子	*Rubus chingii* Hu	L3×L20
51	蓬蘽	蓬蘽	*Rubus hirsutus* Thunb.	浙江台州
52	单瓣空心泡	单瓣空心泡	*Rubus rosaefolius* Smith	浙江台州
53	重瓣空心泡	重瓣空心泡	*Rubus rosifolius* Smith var. *coronarius* (Sims) Focke	江苏
54	高粱泡	高粱泡	*Rubus lambertianus* Ser.	浙江台州
55	红腺悬钩子	红腺悬钩子	*Rubus sumatranus* Miq.	浙江台州
56	山莓	山莓	*Rubus corchorifolius* L. f.	浙江台州
57	三花悬钩子	三花悬钩子	*Rubus trianthus* Focke	浙江台州
58	茅莓	茅莓	*Rubus parvifolius* L.	浙江台州
59	光滑悬钩子	光滑悬钩子	*Rubus tsangii* Merr.	浙江台州
60	太平莓	太平莓	*Rubus pacificus* Hance	浙江台州
61	寒莓	寒莓	*Rubus buergeri* Miq.	浙江台州
62	赫尔	黑莓	*Rubus fructicosus* L.	江苏
63	红树莓	树莓	*Rubus idaeus* L.	辽宁

图 2-8　掌叶覆盆子种植基地

2.3　掌叶覆盆子资源评价

2.3.1　掌叶覆盆子不同株系物候期观察

自 2015 年起,我们在浙江台州基地(28.73°N,121.09°E)对 18 个稳定株系进行系统的物候期观察、拍照和记录,包括萌芽期、现蕾期、始花期、盛花期、末花期和果实青转黄、黄转橙(yellow-to-orange,YO)及成熟红果时期等。掌叶覆盆子地上部分两年生,每年 8—9 月一年生枝干的叶腋处孕育新芽,10—11 月为花芽形态分化期,此后休眠越冬。待到第二年春天,叶腋处的混合芽萌动,进入开花结果期,株系间物候期差异明显。由表 2-2 可知,L6 和 L18 萌芽最早,在 2 月中下旬;L1、L2 和 L9 萌芽最晚,在 3 月 10 日左右,前后相差半个多月。萌芽后展叶,3~4d 后现蕾,1~2 周后开花。L6 和 L18 开花最早,紧接着是 L3、L10 和 L19,在 3 月初始花,3 月 10—16 日盛花,3 月 23—29 日末花。大部分株系如 L7、L8、L11、L12、L13、L14、和 L15,在 3 月中旬盛花,单株花期 20d 左右,每朵花开放 3~4d。L4 在 3 月 18 日左右始花,3 月 24 日左右盛花,4 月 6 日左右进入末花期。最晚开花的是 L1、L2、L5 和 L9,在 3 月下旬始花,4 月上旬开花结束,此时温度稳定升高,因此花期也缩短至 13~15d。潘彬荣等(2011)发现,2009 年温州基地种植的 10 个株系中,早熟株始花期为 3 月 15 日,晚熟株始花期为 3 月 28 日。华金渭等(2022)观察了 30 份种植在浙江丽水基地(28.62°N,119.87°E)的浙、江、闽地区不同种源的野生掌叶覆盆子的开花物候期,萌芽时间最早在 2 月 25 日,最迟在 3 月 7 日,前后相差 11d;始花期最早为 3 月 14 日,最晚为 3 月 28 日,相差 14d。近年来,气候异常现象增多,早春有时会出现倒春寒,造成花朵冻害,大面积减产。晚花基因型掌叶覆盆子,可避开倒春寒天气,顺利开花。L7 和 L8 等为中熟品种,其开花结果物候期代表着当地大部分植株的物候期。

掌叶覆盆子开花授粉后座果,从盛花期开始至果实成熟,为整个果实发育期,大部分掌叶覆盆子果实发育期为 52~55d;开花晚的 L1 和 L2 在温度升高时果实迅速发育,果实发育期缩短至 42d;L15 果实发育周期最长达 61d(表 2-2)。由此可见不同株系掌叶覆盆子可大致区分为早、中、晚花期,以及早熟、中熟和晚熟三种果实发育类型,可为错峰采摘、延长采收期等提供种苗来源。

2.3.2　掌叶覆盆子不同株系的农艺性状

掌叶覆盆子不同株系的农艺性状具有多样性,包括地径、树高、分枝数、皮刺数量、花量、叶片大小、果实大小和鲜重、种子大小和千粒重等表型特征(游晓庆等,2019,2020;何庆海等,2021;华金渭等,2022;黄明文等,2022)。所试 18 个株系中除开花多结果极少的 L5 可用于育种材料研究外,其余株系表型区分明显(表 2-3,图 2-9)。L3 整株无刺,极大提高了采摘效率,可作为亲子采摘园的主打品种。L4、L8、L12、L13、L16 和 L19 株系刺疏,其余刺较密。这些株系自然繁殖系数差异明显,基生枝数量低的仅 3~8,大多为 10~20,最多可达 23。结果枝数量和长度会影响整株产量(黄明文等,2022)。为便于采摘,一般建议每亩种植 150 株丛左右。药用的青转黄果实鲜重(Fw)为 0.94~1.93g,干重(Dw)为 0.30~0.57g(表 2-3),含水量为 64.84%~70.87%,每公顷药果产量为 3687.28~10441.88kg/hm²

表 2-2 掌叶覆盆子不同株系的物候期（Chen et al., 2021）

株系	萌芽期	现蕾期	开花期			果实青黄	果实黄转橙	红果	果实发育期/d
			始花期	盛花期	末花期				
L1	3月8日—12日	3月12日—16日	3月24日—28日	3月30至4月1日	4月5日—9日	5月4日—6日	5月7日—9日	5月11日—13日	42±3e
L2	3月7日—9日	3月11日—13日	3月23日—25日	3月27日—29日	4月5日—7日	5月1日—3日	5月4日—6日	5月8日—10日	42±2e
L3	2月下旬	2月25日—27日	3月8日—10日	3月13日—15日	3月23日—25日	4月24日—26日	4月28日—30日	5月4日—6日	52±2d
L4	3月6日—10日	3月10日—14日	3月16日—20日	3月22日—26日	4月4日—8日	4月27日—31日	5月4日—8日	5月13日—17日	53±2cd
L5	3月3日—5日	3月7日—9日	3月23日—25日	3月27日—29日	4月9日—11日	—	—	—	—
L6	2月中下旬	2月下旬	3月4日—6日	3月9日—11日	3月23日—24日	4月21日—23日	4月26日—29日	5月1日—3日	53±1cd
L7	3月1日—3日	3月5日—7日	3月11日—13日	3月16日—18日	3月30日—31日	4月27日—29日	5月3日—5日	5月9日—11日	54±1bc
L8	3月1日—2日	3月5日—6日	3月12日—13日	3月17日—18日	3月30日—31日	4月28日—29日	5月4日—5日	5月10日—11日	54±0bc
L9	3月7日—10日	3月13日—15日	3月23日—25日	3月27日—29日	4月6日—8日	—	—	—	—
L10	2月下旬	2月26日—28日	3月9日—11日	3月14日—16日	3月27日—29日	4月25日—27日	5月1日—3日	5月7日—9日	54±1bc
L11	3月2日—3日	3月5日—6日	3月11日—12日	3月16日—17日	3月30日—31日	4月29日—30日	5月5日—6日	5月10日—11日	55±0b
L12	2月下旬	2月27日—29日	3月14日—16日	3月19日—21日	4月2日—4日	—	—	—	—
L13	2月下旬	2月26日—30日	3月12日—16日	3月17日—21日	3月29日—4月3日	4月28日—31日	5月5日—7日	5月11日—13日	54±2bc
L14	3月2日—3日	3月6日—7日	3月12日—13日	3月17日—18日	3月31日—4月1日	4月28日—29日	5月4日—5日	5月10日—11日	54±1bc
L15	3月2日—6日	3月8日—10日	3月12日—16日	3月17日—21日	4月1日—4日	5月1日—4日	5月8日—12日	5月16日—20日	61±2a
L16	2月下旬	2月27日—29日	3月14日—16日	3月19日—21日	4月1日—3日	5月1日—3日	5月7日—9日	5月13日—15日	55±1b
L18	2月中下旬	2月下旬	3月5日—6日	3月10日—11日	3月23日—24日	4月23日—24日	4月28日—29日	5月1日—2日	52±0d
L19	2月下旬	2月26日—27日	3月9日—10日	3月14日—15日	3月27日—29日	4月21日—22日	4月29日—30日	5月5日—6日	52±1d

注：表中掌叶覆盆子株系种植于临海市尤溪镇紫岩村（28.73°N，121.09°E），海拔27m；"—"表示未统计；数字后不同字母表示不同株系果实发育期存在显著差异（$p<0.05$）。

表 2-3　掌叶覆盆子不同株系的农艺性状（Chen et al.，2021）

株系	基生枝皮刺†	基生枝数量/株	结果枝数量/株	结果枝长度/cm	药果（青转黄）鲜重/g	药果鲜重亩产/kg	药果（青转黄）干重/g	红果鲜重/g	果实风味、口感	果实性状
L1	+++	14±1.0ef	17±3bcde	79.44±9.36def	1.46±0.12cd	392±27de	0.475±0.046bc	5.88±0.26c	较甜，风味浓	圆柱形，红色
L2	++	12±2.6fgh	17±4cde	75.23±8.93ef	1.93±0.12a	478±50bc	0.561±0.052a	6.85±0.88b	香甜，果香浓郁	截圆锥形，红色
L3	−	10±2.0hi	17±4cde	67.32±10.98f	0.98±0.09h	205±42f	0.316±0.038e	3.76±0.11gh	甜，风味浓	圆头形，红色
L4	+	18±2.6cd	20±4bcd	92.57±11.11bc	0.94±0.14h	349±50de	0.318±0.059e	3.99±0.15g	香甜，果香浓郁	扁圆形，淡红色
L5	+++	19±2.0bc	—	—	—	—	—	—		花多，结果很少
L6	+++	14±1.0ef	18±3bcde	90.53±5.86bcd	0.96±0.14h	327±28e	0.300±0.027e	4.26±0.15f	香甜，风味浓	不正长圆形，橙黄
L7	++	19±1.0bc	21±4bc	111.46±10.56a	1.44±0.08de	676±69a	0.460±0.089c	4.54±0.28e	香甜	圆锥形，红色
L8	+	21±1.0ab	16±5cde	90.78±10.87bcd	1.62±0.09b	472±67bc	0.498±0.049b	5.69±0.32c	酸甜	截圆锥形，大红色
L9	+++	8.0±2.0ij	—	—	—	—	—	—	甜，有果香	圆柱形，红色
L10	+++	17±1.0cd	29±3a	111.35±12.20a	—	—	—	—	较甜	圆锥形，红色
L11	+++	23±2.0a	18±4bcde	87.55±15.35bcd	1.10±0.12g	336±60e	0.386±0.054d	3.54±0.25hi	风味浓	圆锥形，红色
L12	+	7.0±0.0j	15±4e	71.83±14.28ef	—	—	—	—	较甜	N.A.
L13	+	19±2.0bc	—	—	—	—	—	—	较甜	扁圆形，红色
L14	+++	16±2.0de	20±3bcde	81.60±12.39cde	1.28±0.10f	215±42cd	0.401±0.094d	3.40±0.37i	甜，风味浓	圆锥形，红色
L15	+++	13±1.0fg	—	—	—	—	—	—	酸甜，风味浓	圆锥形，红色
L16	+	3.0±1.0k	18±3bcde	96.14±8.14b	1.52±0.14c	533±65b	0.490±0.072bc	7.25±0.46a	酸甜，风味浓	截圆锥形，红色
L18	+	6.0±0.0j	16±2de	91.38±11.45bcd	1.38±0.08e	400±49de	0.473±0.033bc	4.45±0.32ef	酸甜，风味浓	圆锥形，红色
L19	+	11±1.0gh	21±4b	108.12±9.44a	1.88±0.14a	696±76a	0.570±0.054a	5.25±0.48d	甜，风味浓，果香	圆锥形，红色

注："†"表示主干皮刺，"—"表示无刺，"+"表示刺疏，"++"表示刺较密，"+++"表示刺密；"—"表示未分析，N.A. 表示未检测；同一指标不同株系后不同小写字母表示同一指标不同株系之间存在显著性差异（p＜0.05），下同。

（鲜重，约246~696kg/亩）。L3果实较小，株型紧凑，药果鲜重亩产约250kg；L6果实较小，药用鲜果亩产约300kg；L7果型中等，挂果多，药用鲜果亩产可达600kg；L19果型大，单果质量大，药用鲜果亩产近700kg。L4枝条直立向上生长，株型独特，果粒小但风味浓郁。L6果实为橙黄色，香甜。L7果实最甜，花托软，口感佳。L1、L2、L15和L16等果粒大且晚熟。L8、L10、L11、L18和L19等果粒大、产量高。

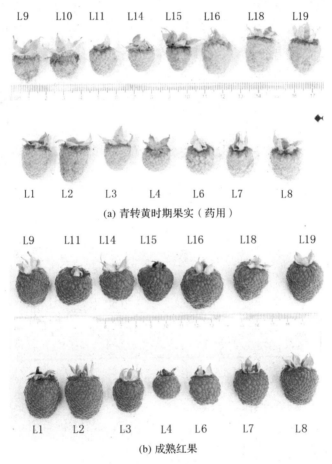

图 2-9　掌叶覆盆子不同株系果实（Chen et al.,2021）（彩图见附录）

2.3.3　掌叶覆盆子不同株系的鲜果品质

（1）果实品质测定方法

可溶性固形物（soluble solid，SS）利用手持式数显糖度计（PAL-1）测定。硬度（firmness）利用托普硬度计（GY-1）测定。总糖（total sugar，TS）含量测定采用蒽酮比色法(Chen et al.,2015)。还原糖测定采用二硝基水杨酸(DNS)法。可滴定酸(titratable acid,TA)测定采用中和法,以柠檬酸 $K = 0.064$ 计算(Mazur et al.,2014)。维生素 C/抗坏血酸含量测定采用钼蓝比色法(Zou et al.,2017)。总花青素(total monomeric anthocyanin,TMA)含量测定采用双波长 pH 示差法,选择乙腈:乙酸＝96:4 的提取试剂。花青素浓度 $C(mg/L) = [(A_{520} - A_{700})_{pH1.0} - (A_{520} - A_{700})_{pH4.5}] \times Mw_{C3G} \times DF \times 1000/(\varepsilon \times l)$,$Mw_{C3G} = 449.2g/mol$,$\varepsilon = 26900L/(mol \cdot cm)$,$A_{520}$、$A_{700}$ 为吸光度,l 为比色皿直径 1cm,DF 为稀释倍数(dilution factor),C3G 为矢车菊素-3-葡萄糖苷(cyanidin-3-glucoside)。最终以 100g 试样含有花青素的量(mg)来表示(刘仁道,等 2008;Abu Bakar et al.,2016;Belwal et al.,2019)。

(2)掌叶覆盆子不同株系鲜果品质

不同株系果实形状见表 2-3 和图 2-9,有圆柱形、截圆锥形、圆头形、扁圆形、不正长圆形、圆锥形等,颜色有大红色、红色、淡红色和橙黄色。Re 果实纵径最大的为 23.79mm,最小的为 12.43mm;横径最大的为 20.79mm,最小的为 11.37mm;果形指数(fruit shape index,FSI,等于果实纵径除以横径)为 0.97~1.26(表 2-4,图2-10)。在果实发育过程中,同一株系的果实果形指数保持稳定。Re 果实鲜重 3.40~7.25g,干重 0.47~1.00g,含水量 80.86%~89.05%。

表 2-4 掌叶覆盆子不同株系果实纵、横径与果形指数($n > 30$)

株系	纵径/mm	横径/mm	果形指数
L1	21.05±0.76c	17.50±0.97d	1.21±0.074b
L2	23.79±0.71a	18.94±0.77bc	1.26±0.061a
L3	16.66±0.97g	14.79±0.98g	1.13±0.063cde
L4	18.10±0.79de	18.61±0.78bc	0.97±0.048i
L6	17.12±1.53fg	15.38±0.91fg	1.13±0.077cdef
L7	18.28±0.82de	17.51±0.61d	1.04±0.056gh
L8	18.86±0.77d	16.09±0.92ef	1.17±0.060bc
L11	17.69±0.92ef	16.25±0.75e	1.09±0.059efg
L14	16.93±0.79fg	15.80±0.92ef	1.07±0.070fgh
L15	12.43±0.94h	11.37±0.71h	1.09±0.050efg
L16	22.33±0.89b	19.37±0.76b	1.16±0.082cd
L18	22.76±1.36b	20.79±1.12a	1.10±0.081efg
L19	18.82±1.40d	18.21±0.96cd	1.04±0.087h

注:n 为果实数量;$p < 0.05$。

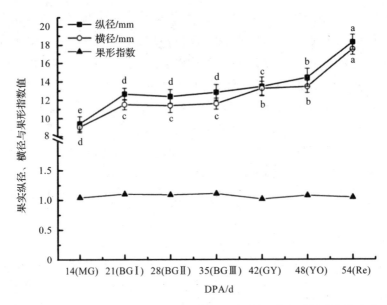

图 2-10　掌叶覆盆子 L7 株系果实发育过程中纵径、横径及果形指数变化

注:DPA,day-post-antheis,即开花后天数;MG,中绿阶段;BGⅠ,大绿Ⅰ阶段;BGⅡ,大绿Ⅱ阶段;BGⅢ,大绿Ⅲ阶段;GY,青转黄阶段;YO,黄转橙阶段;Re,红果阶段。$p < 0.05$

掌叶覆盆子各株系 Re 果实品质见图 2-11。可溶性固形物含量 13.42%～15.80%。可滴定酸含量 0.69%～1.61%,代谢组测序发现其主要为柠檬酸,这与 Hyun 等(2014)报道的同属植物黑树莓有机酸主要为柠檬酸一致。L7 糖酸比值最高,且硬度低,维生素 C 含量最高(达 67.59mg/100g Fw),其口感最佳,甜而适口,抗氧化性好,最受人们喜欢,推荐作为鲜果采摘品种推广。L6 的维生素 C 含量为64.25mg/100g Fw,花青素含量最高(达 58.6mg/100g Fw),果实颜色偏橙黄,硬度低,风味浓郁,亦是值得推广的鲜食株系。L2 的维生素 C 含量虽在株系中最低,但也达 36.02mg/100g Fw。可见,掌叶覆盆子富含维生素 C,其含量与同属植物红树莓($R.idaeus$)维生素 C 含量[(17～47)mg/100g Fw]相当,甚至略高于红树莓(Bobinait et al.,2012;Mazur et al.,2014)。盛义保(2001)发现掌叶覆盆子维生素 C 含量33.79mg/100g Fw,分别为草莓、苹果和葡萄的 2.5,4.2 和 8.4 倍。L3、L6、L8 和 L16 的果实花青素含量超过 50mg/100g Fw,L19 果实花青素含量为36.3 mg/100g Fw,L14 最低(12.7mg/100g Fw)。Mazur 等(2014)发现 10 个红树莓品种间花青素含量差异显著,最高的达 113mg/100g Fw,为最低品种花青素含量(38mg/100g Fw)的 3 倍。可见,富含维生素 C 和花青素的掌叶覆盆子果实,抗氧化能力强,是美味可口的保健佳品。

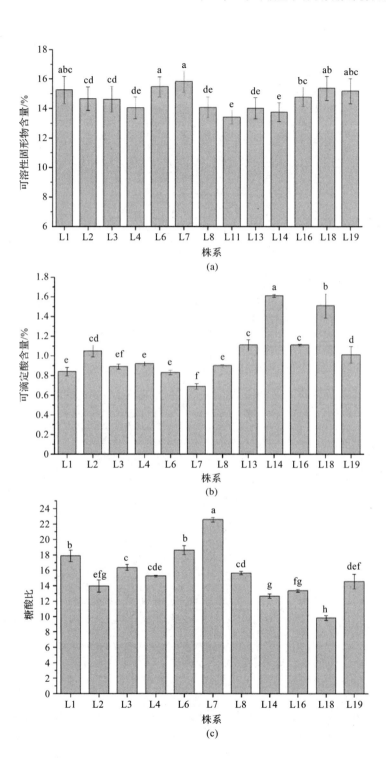

(a)

(b)

(c)

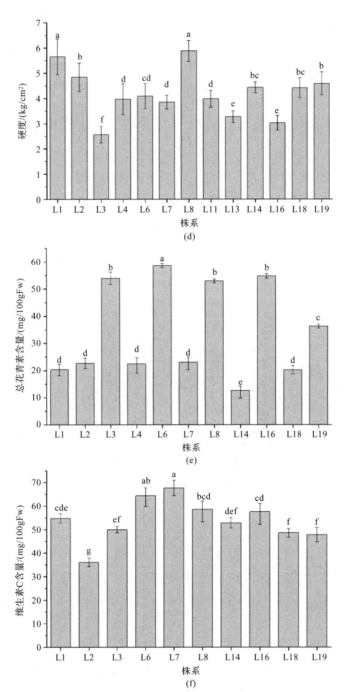

图 2-11　掌叶覆盆子不同株系 Re 果实品质

注:图中不同小写字母表示该指标在株系间存在显著性差异($p<0.05$),下同。

2.3.4　覆盆子药用成分评价

(1)不同株系覆盆子的药用成分评价

开花后每隔 1 周采集 16 个株系果实(根据发育时间、大小和颜色分为 8 个阶段),烘干后研磨成粉末,过筛,进行主要药用成分含量测定。干物质含量测定采用称重法(Ponder et al.,2019)。总萜(total terpenoids,TT)含量测定采用分光光度法(Deng et al.,2019):将 0.1g 研磨成细粉的果实,置于 50mL 具塞试管中,用 25mL 55% 乙醇提取,密塞,称重,超声处理 30min,待其冷却后用 55% 乙醇补足减少的质量,摇匀后过滤。取提取液 1.0mL,70℃ 水浴挥干;加新配制的 5% 香草醛-冰醋酸0.2mL,高氯酸 0.4mL,振摇后 70℃ 水浴加热 15min,流水冷却至室温,再加入冰醋酸 5mL,混匀,在 480nm 处测定吸光值;以 0.08~0.4mg 齐墩果酸同法绘制标准曲线。鞣花酸(ellagic acid,EA)和山奈酚-3-O-芸香糖苷(kaempferol-3-O-rutinoside,K3R)的测定采用《中国药典》(2015 版)所述的详细方法。

掌叶覆盆子 16 个株系 GY 果实和 Re 果实的平均干物质含量分别为 32.07g/100g Fw 和 15.78g/100g Fw(图 2-12),与同属红树莓(13g/100g Fw)和露莓[(17~18)g/100g Fw]干物质含量相当(Jaakkola et al.,2012;Mazur et al.,2014)。L1、L2、L3、L4、L6、L7、L8、L11、L14、L16、L18 和 L19 株系的 GY 果实总萜百分含量(%)分别为 2.29 ± 0.14g、2.50 ± 0.08e、4.40 ± 0.01b、3.14 ± 0.11c、4.97 ± 0.14a、3.11 ± 0.01c、2.70 ± 0.03d、3.00 ± 0.17c、3.04 ± 0.08c、2.47 ± 0.08ef、2.32 ± 0.07fg 和 2.73 ± 0.05d(不同小写字母表示株系间差异显著,$p<0.05$),其中 L6 和 L3 的 GY 果实总萜含量最高,而 L1 和 L18 的 GY 果实总萜含量相对较低。丰富的总萜不仅有助于提高掌叶覆盆子的生态适应性,还具有抗肿瘤等多种生物活性(Zhong et al.,2015;Deng et al.,2019)。

鞣花酸(EA)是没食子酸(gallic acid,GA)的二聚衍生物,也是鞣花单宁(ellagitannin,ET)的主要成分,具有抗氧化、消炎、护肝、护胃和抗癌等功效(Alves et al.,2017;Chen et al.,2019;Chen et al.,2020)。不同株系覆盆子 GY 果实中EA 含量为 $(9.47\sim30.71)$mg/100g Fw,而 Re 果实中 EA 含量为 $(5.32\sim10.98)$mg/100g Fw(图 2-12)。在 Chen 等(2020)的报道中,覆盆子鞣花单宁(主要成分是鞣花酸)含量为 $(9\sim13)$mg/100g Dw。可见遗传因子是显著影响果实药用品质的关键因素。在所选育的株系中,L1、L3、L6 和 L8 果实 EA 含量最高。

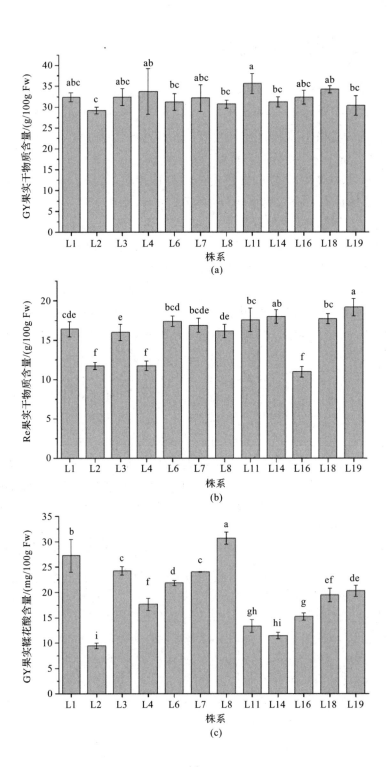

(a)

(b)

(c)

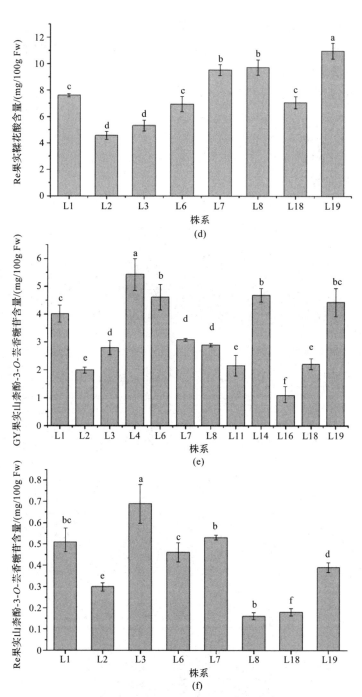

图 2-12　掌叶覆盆子不同株系果实主要药用成分含量

注：$p < 0.05$

山柰酚是黄酮醇的一种,以其糖苷形式存在于植物体中,现已发现 5 种山柰酚糖苷(Chen et al.,2020),其中山柰酚-3-O-芸香糖苷具有很强的消炎、镇痛、护肝和防止高血压等功效(Parveen et al.,2007;Wang et al.,2015)。据报道,红树莓中总黄酮醇含量为(3.63~5.37)mg/100g Fw,其中槲皮素-3-芸香糖苷含量为(0.81~2.46)mg/100g Fw(Ponder et al.,2019)。实验结果表明掌叶覆盆子 GY 果实 K3R 含量为(1.10~5.44)mg/100g Fw,而 Re 果实的 K3R 含量降至(0.16~0.69)mg/100g Fw(图 2-12)。GY 果实中 L14 的 K3R 含量最高。

(2)不同产地覆盆子样品的药用成分评价

2016 年,我们从浙江台州的不同样地收集了 14 个株系的覆盆子(图 2-13)。

(1)丽水1　　(2)黄岩1　　(3)黄岩2　　(4)大田1

(5)大田2　　(6)尤溪1　　(7)尤溪2　　(8)尤溪3

(9)三门1　　(10)三门2　　(11)三门3　　(12)三门4

(13)三门5　　(14)三门6

图 2-13　不同产地覆盆子样品(彩图见附录)

果实颜色略有差异,有些果实已经显现橙红色,如黄岩 2 样品,这表明这份样品果实的采收时间晚于初始青转黄时期,已有部分果实进入黄转橙时期;另有一些果实已经呈褐色,这与果实采收后的晒干方法有关。我们在实地走访时发现,在果实收获后,人们对它的处理方式有所不同,若天气好,大部分是自然晒干;但若遇雨天,来不及晒干,就可能出现颜色变深变褐的情况,如尤溪 1、2、3 样品;也有合作社自制烘干机或风干机,以加快样品的干燥。为此,何佳等(2022)试验了 6 种加工方法,包括直接晒干、直接烘干、沸水杀青后晒干、沸水杀青后烘干、蒸汽杀青后晒干和蒸汽杀青后烘干对覆盆子药用成分含量的影响,结果表明 6 种方法对山奈酚-3-O-芸香糖苷含量的影响不显著,而未经杀青直接晒干的样品的鞣花酸含量是杀青后样品的 2.2～3.6 倍。按照《中国药典》(2015 版)的方法,我们对不同样品进行了各项指标的测定(表 2-5)。结果表明,所测样品果实各指标差异较大,含水量 8.07%～9.58%,总灰分 2.50%～4.61%,浸出物含量17.72%～23.08%,均符合

表 2-5　不同产地覆盆子药果形态与成分测定

编号	样品名称	纵径/mm	横径/mm	含水量/%	总灰分含量/%	浸出物含量/%	鞣花酸含量/%	山奈酚-3-O-芸香糖苷含量/%
(1)	丽水 1	13.47±1.32	9.46±0.75	8.59	3.73	21.713	0.00156	0.01354
(2)	黄岩 1	12.78±1.03	10.73±0.77	8.18	3.24	18.005	0.02319	0.01844
(3)	黄岩 2	12.36±0.98	9.61±0.69	9.42	2.96	19.842	0.00409	0.01563
(4)	大田 1	14.80±1.54	10.75±1.16	8.11	2.50	20.067	—	0.01191
(5)	大田 2	12.08±1.07	9.22±0.69	8.07	3.72	23.076	—	0.01066
(6)	尤溪 1	9.75±0.81	8.60±0.80	9.58	4.61	17.886	0.04181	0.00293
(7)	尤溪 2	10.04±0.79	8.68±0.46	8.97	3.94	20.085	0.03381	0.00383
(8)	尤溪 3	10.10±0.99	8.74±0.86	9.28	3.77	19.853	0.03464	0.00417
(9)	三门 1	9.44±1.00	8.89±0.89	8.69	3.56	18.683	0.00014	0.00959
(10)	三门 2	11.75±0.95	10.27±0.63	8.74	3.68	18.115	0.02135	0.00889
(11)	三门 3	9.82±1.01	8.91±0.88	8.65	3.76	21.238	—	0.00706
(12)	三门 4	10.07±1.02	9.98±0.73	8.61	3.65	19.089	0.00069	0.00432
(13)	三门 5	10.68±1.25	9.19±0.92	8.90	3.51	20.400	0.01003	0.00786
(14)	三门 6	14.84±1.07	10.73±0.64	8.55	3.42	17.722	—	0.00642

注:"—"表示未检出。

《中国药典》规定。鞣花酸含量和山奈酚-3-O-芸香糖苷含量大多低于《中国药典》(2015 版)规定,这可能与当年开花结果期阴雨天气较多有关。

从呈色看,样品(2)颜色绿黄,鞣花酸含量较高(0.02319%),达到《中国药典》(2015 版)要求,山奈酚-3-O-芸香糖苷含量为所有样品中最高。样品(3)虽已显橙黄,各方面指标居中。样品(6)~(8)颜色虽变深,但鞣花酸含量最高,其他指标也较高。Chen 等(2020)报道,黄色果实(YF)组鞣花单宁含量为 0.013%,高于绿色果实(GF)组(0.009%),该研究认为颜色变化可能会引起鞣花单宁主要成分的变化,如发生单体、二聚体和鞣花酸之间的转化;但 GF 抗氧化活性又强于 YF。由此,仅仅从果实呈色来看,不易判断药材好坏,仍需进行科学的检测。孙乙铭等(2021)对覆盆子果实成熟过程中的颜色进行了数字化表征,对颜色与成分进行相关回归分析,结果表明覆盆子果实成熟期间 $L*$(明亮度)逐渐降低,$a*$ 值(红绿色指标)变大(即逐渐变红),$b*$ 值(黄蓝色指标)呈下降趋势(即黄色减少);$L*$ 和 $a*$ 分别与总酚、椴树苷和山奈酚-3-O-芸香糖苷含量有显著的正相关性和负相关性,$b*$ 与上述指标呈中度相关性。因此,掌叶覆盆子较适宜的采收期为果实未变黄之时,即 4 月下旬至 5 月 1 日前后,色度均值 $L* = 52.87$,$a* = -2.01$,$b* = 28.31$。鞣花酸和山奈酚-3-O-芸香糖苷的百分含量均随果实发育而下降,但单果累积量在花后 21~35d 达到最大,凭此可拓宽采收期(钱灿等,2022;姚鑫等,2022;张晓云等,2022)。不同产地来源的药用样品成分含量差异可能还跟采收时间息息相关,虽《中国药典》(2015 版)规定了在青转黄时采收,但种植人一般连株剪下,同一株不同果实的成熟期可相差 10~20d。姚鑫等(2021)对采自浙江淳安县不同村落 15 个种植区的 91 个单株的青转黄果实进行了检测,发现鞣花酸含量为 0.0895%~0.2911%,平均 0.1537%,极大和极小值相差约 2.25 倍;山奈酚-3-O-芸香糖苷含量为 0.0105%~0.1148%,平均 0.0515%。可见,覆盆子种内差异较大,基因型是决定果实品质的关键因素之一,环境因素和田间管理水平也会显著影响果实品质(Chen et al.,2021)。只有从种植时基因型、栽培管理、地理条件等源头追溯,才能科学评价。

此外,药用成分的提取、分析方法和检测内容等都在持续优化中(何佳等,2022;石佳等,2022;姚鑫等,2022)。

(3)覆盆子的薄层色谱和电化学指纹图谱鉴别

薄层色谱法(TLC)是利用不同的展开技术,获得中药成分的特征斑点或特征峰来鉴别覆盆子及其伪品的方法。程丽玲(2013)对不同产地覆盆子药材进行椴树苷薄层色谱分析,获得了清晰的图谱,可用于鉴别覆盆子及其伪品(如山莓、四川小果等),还可用于鉴别覆盆子与其他含椴树苷类的药材。郭卿等(2014)建立了鞣花酸薄层色谱和椴树苷薄层色谱的方法,后者被写入 2015 版《中国药典》。椴树苷的展开过程为:取样品 $5\mu L$ 和对照品溶液 $2\mu L$,点于同一硅胶 G 薄层上,经展开剂展开后取出,晾干,喷以三氯化铝溶液,105℃加热 5min,365nm 紫外光下检视。鞣花酸展开后则喷以 1% 三氯化铁乙醇溶液。建议鞣花酸的最佳展开剂配比为氯仿:甲醇:甲酸=4:1:1.5,椴树苷的最佳展开剂配比为乙酸乙酯:甲醇:水:甲酸=90:4:4:0.5,斑点清晰,完全分开,重复性好。张玲等(2012)建立了山奈酚的 TLC 鉴别法,展开剂配比为甲苯:乙酸乙酯:甲酸=9:3:1,展开后晾干,喷以 1% 三氯化铝乙醇溶液,吹干,紫外光下检视,斑点清晰、明确,重复性好。

电化学指纹图谱是一种基于振荡化学的谱图分析技术,为新型中药分析检测技术。程丽玲(2013)利用电化学指纹图谱分析了浙江磐安、安徽、四川、河北等不同产地的覆盆子样品,结果表明图谱相似性较大,但诱导时间、最大振幅、第一振荡周期和振荡寿命四种电化学信息参数具有明显差别。

(4)基于高效液相色谱和超高效液相色谱的覆盆子指纹图谱

覆盆子样品化学成分的相对含量受产地、样品采集时间、储存条件和时间、加工方式等多方面影响。为更精确地展示覆盆子的指纹图谱,高效液相色谱(HPLC)被用于覆盆子药材的鉴别。陈林霖等(2006)利用反向 HPLC 法测定了浙江、福建、四川等多地的覆盆子药材,初步建立了浙江产地样品的色谱条件。后来,学者们进一步优化了实验体系。陈晓红等(2018)以 70% 甲醇作为提取剂,加热回流 1h,选择 Agilent Eclipse XDB C18 色谱柱,将检测波长设定为 360nm,并以甲醇-0.5% 磷酸水溶液为洗脱液,得到了浙江不同产地覆盆子鞣花酸的 HPLC 指纹图谱,依此可对质量进行客观、有效的评价。刘桂凤等(2023)比较了不同提取剂和处理方法,发现 70% 甲醇提取和加热回流 1h 效果最佳,再用 Agilent 5TC-C18 色谱柱,以 0.1% 磷酸-乙腈溶液为流动相,建立了覆盆子黄酮类化合物的 HPLC 指纹图谱,可用于覆盆子鉴别和质量控制。郭孝平等(2019)对覆盆子粉进行超微处理后,再进行 HPLC 分析,证实了微粉和原药材有相同的中药特征。

由于覆盆子含有丰富的酚类物质,HPLC 分离效果不佳,因此我们利用超高效液相色谱(UPLC)建立指纹图谱。该方法在 HPLC 的基础上增加了色谱峰容量、灵敏度和分析通量,可更有效地分离多酚各组分(李小白等,2020)。具体材料与方法如下。选用的 33 个覆盆子样品分别为来自浙北地区的淳安 1~7 号、临安

1～2号、余杭3号,以及浙中南地区的天台1～7号、仙居1～4号、三门1～3号、兰溪1～3号、浦江1～2号、东阳1～2号样品。使用液氮速冷样品,并用匀浆机研磨成粉末,取0.5g,加5mL 70%甲醇水溶液,60℃超声处理50min,3000g离心10min,上清液经0.45μm滤膜过滤,得待测样品提取液。各取提取液5μL进行UPLC分析(Waters,USA),色谱柱为ACQUITY UPLC HSS T3柱(1.8μm,2.1mm×150mm);流动相为0.1%甲酸-水(A)和0.1%甲酸-乙腈(B),线性梯度为0/5、5/10、25/25和37/95(min/B%);流速0.3mL/min,柱温50℃,检测波长360nm。UPLC耦联一级质谱(MS)检测系统AB Triple TOF 5600+系统和以二级质谱检测系统IDA为基础的auto-MS2,以分析样品成分。一级质谱条件:MS阴离子模式,源温度550℃,源电压-4.5kV;气体1空气和天然气2设置为50psi,氮气设置为35psi,最大允许误差±5ppm,碰撞能10v,减光电位100V;MS/MS采集时,离子释放量和释放宽度分别设置为67和25,碰撞能调整为40eV±20eV。二级质谱条件:对响应最强的8个代谢物离子进行全扫描,前体离子m/z扫描范围设定为100～2000Da,产物离子m/z扫描范围设定为50～2000Da,每次分析之前自动执行质量校准。据此确定特征峰所对应的物质,并利用标准曲线进行定量分析。对应的含量用SAS9.1的CANDISC程序计算Mahalanobis距离并运算典型判别分析,最后用Ward方法进行聚类,构建系统树。

根据一级和二级质谱的质荷比推断各物质的基团组成,利用数据库Pubchem比对,结合参考文献并对照标准品,确定10个主要峰(面积大于600)为多酚化合物(图2-14),其中8个峰含量较高且保留时间相对稳定,可作为指纹图谱特征峰,包括鞣花酸戊糖苷(ellagic acid pentoside)(1)、肉桂糖苷(2)、鞣花酸(3)、山奈酚-3-O-芸香糖苷异构体(6)、山奈酚己糖(7)、山奈酚-3-O-芸香糖苷(8)、山奈酚-3-O-葡萄糖苷(9)和椴树苷(10)(表2-6)。经检测,不同来源的覆盆子共有这8个特征

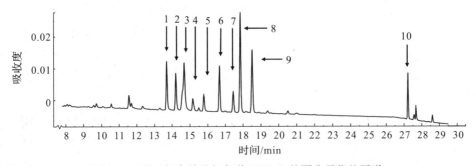

图2-14　基于超高效液相色谱(UPLC)的覆盆子指纹图谱

峰,以此建立了覆盆子多酚的指纹图谱。它可应用于覆盆子的地理溯源和伪品鉴定,为品质评价提供可靠依据。利用该方法,进行聚类分析,可将覆盆子样品分为浙北地区和浙中南地区两大组(李小白等,2020)。

表 2-6　基于超高效液相色谱鉴定的覆盆子中的化合物

峰	扫描模式	MS	MS/MS	分子式	鉴定结果
1	[M-H]	433	301	$C_{19}H_{14}O_{12}$	鞣花戊糖苷
2	[M+HCOOH-H]	615	165,195,359,407	$C_{27}H_{38}O_{13}$	肉桂糖苷
3	[M-H]	301	284	$C_{14}H_6O_8$	鞣花酸
4	[M-H]	609	301	$C_{27}H_{30}O_{16}$	芸香糖苷
5	[M-H]	463	300	$C_{21}H_{20}O_{12}$	槲皮素-3-O-芸香糖苷
6	[M-H]	593	255,284	$C_{27}H_{30}O_{15}$	山柰酚-3-O-芸香糖苷异构体
7	[M-H]	447	227,255,284	$C_{21}H_{20}O_{11}$	山柰酚己糖
8	[M-H]	593	255,285	$C_{27}H_{30}O_{15}$	山柰酚-3-O-芸香糖苷
9	[M-H]	447	227,255,284	$C_{21}H_{20}O_{11}$	山柰酚-3-O-葡萄糖苷
10	[M-H]	593	255,285	$C_{30}H_{26}O_{13}$	椴树苷

2.3.5　掌叶覆盆子质量参数的多元分析

(1)相关性分析

将果实大小、质量、营养品质和药用成分进行 Pearson 相关性分析(表 2-7),结果表明,果实鲜重和大小呈显著正相关,可溶性固形物和总糖含量与可滴定酸含量呈显著负相关($p=0.011,R=-0.42;p=0.003,R=-0.49$)。鞣花酸含量与GY 果实鲜重和干重均没有相关性,但与后续 Re 果实的花青素含量呈显著正相关。值得注意的是,维生素 C、总萜、总糖、总花青素和 K3R 含量和果实大小呈负相关关系。因此,仅仅凭果实大小选育良种,是难以真正推动覆盆子育种发展的,亟须筛选出果实品质佳、药用成分含量高的株系/品种,并结合规范的栽培管理,才能生产出高品质的药用果实。

表2-7 掌叶覆盆子化学成分含量与果实性状间的相关性分析（n=36）

	Fw-GY	Fw-Re	L-Re	D-Re	Dw-GY	硬度-Re	SS-Re	TS-Re	TA-Re	VC-Re	TMA-Re	TT-GY	EA-GY	K3R-GY
Fw-GY	1													
Fw-Re	0.73***	1												
L-Re	0.63***	0.77***	1											
D-Re	0.44**	0.47**	0.80***	1										
Dw-GY	0.95***	0.69***	0.66**	0.52**	1									
Firmness-Re	0.52**	0.31	0.27	0.15	0.51**	1								
SS-Re	0.24	0.25	0.27	0.31	0.22	0.15	1							
TS-Re	-0.39*	-0.39*	-0.40**	-0.51**	-0.47**	0.15	0.06	1						
TA-Re	-0.04	-0.18	0.24	0.31	0.083	-0.17	-0.42*	-0.49**	1					
Vc-Re	-0.54**	-0.55***	-0.69***	-0.38*	-0.54**	-0.056	-0.07	0.19	-0.16	1				
TMA-Re	-0.11	0.25	-0.16	-0.34*	-0.18	-0.26	0.14	-0.20	-0.32	0.06	1			
TT-GY	-0.66***	-0.52**	-0.69***	-0.68***	-0.76***	-0.47**	0.067	0.46**	-0.33*	0.44**	0.52**	1		
EA-GY	0.008	0.062	-0.23	-0.30	0.005	0.40*	0.34*	0.18	-0.56***	0.21	0.45**	0.17	1	
K3R-GY	-0.24	-0.42*	-0.54**	-0.31	-0.321	0.18	0.024	0.35*	-0.45**	0.64***	-0.14	0.33*	0.188	1

注：L，fruit length，纵径；D，fruit diameter of the middle part，横径；SS，soluble solid，可溶性固形物；TS，total sugar，总糖；TA，titratable acids，可滴定酸；TMA，total monomeric anthocyanin，总花青素；* 表示在 0.05 水平上显著（$p<0.05$）；** 表示在 0.01 水平上显著（$p<0.01$）；*** 表示在 0.001 水平上显著（$p<0.001$）。$n=36$，为果实变数量。下同。

(2)主成分分析

主成分分析(principle component analysis,PCA)有助于我们从整体上考虑基因型对覆盆子质量参数的影响,从而分选出具有一定育种目标的株系。利用 SPSS 软件进行主成分分析计算,结果见表 2-8 和表 2-9,并利用 Canoco 5 绘制主成分分析图(图 2-15)。主成分 1 和 2 分别占 56.58% 和 24.39% 的贡献率。Re 果实纵径(L-Re, 90.6%)、GY 果实干重(Dw-GY,87.8%)、GY 果实鲜重(Fw-GY,83.1%)、Re 果实鲜重(Fw-Re,77.4%)、Re 果实横径(D-Re,76.8%)、GY 药果总萜(TT-GY,−84.5%)、Re 果实维生素 C(VC-Re,−69.9%)、Re 果实总糖(TS-Re,−55.6%)和 GY 药果山奈酚-3-O-芸香糖苷(K3R-GY,−54.7%)主要解释了 PC1 轴上的变化,而 PC2 轴上的变化主要由药果鞣花酸(EA-GY,78.6%)、Re 果实可溶性固形物(SS-Re,58.5%)和红果可滴定酸(TA-Re,−82.8%)引起。通过图2-15我们可以对这些株系进行归纳分组,第 1 组:L1、L2、L8、L16、L18 和 L19,它们果实大,硬度较高,VC 和总萜含量较低,这类株系产量高,红果采摘时也相对抗挤压。第 2 组:L4、L7 和 L17,其中 L7 糖酸比最高,花托最软,果实硬度低,且其与 L4 和 L14 均属于总糖和山奈酚-3-O-芸香糖苷含量高的株系,深受消费者喜欢,可发展为采摘品种。第 3 组:L3、L6、L8 和 L16,果实富含可溶性固形物、总花青素和鞣花酸,是药用果实的首选株系;此外,L3 为无刺品种,便于采摘,在省力化栽培和人工工时费节省上具有十分重要的意义,也是我们重点开发的株系之一。

表 2-8　总方差解释

组分	第一主成分特征值			被提取的载荷平方和		
	样本总特征值	各特征值所占比例/%	累积贡献率/%	总计	方差/%	累计值/%
1	5.614	40.097	40.097	5.614	40.097	40.097
2	2.609	18.634	58.732	2.609	18.634	58.732
3	1.810	12.929	71.661	1.810	12.929	71.661
4	1.072	7.658	79.319	1.072	7.658	79.319
5	1.005	7.178	86.497	1.005	7.178	86.497
6	0.654	4.671	91.168	—	—	—
7	0.468	3.340	94.508	—	—	—
8	0.310	2.217	96.725	—	—	—
9	0.242	1.726	98.452	—	—	—
10	0.087	0.620	99.072	—	—	—
11	0.062	0.446	99.518	—	—	—
12	0.032	0.228	99.745	—	—	—
13	0.022	0.160	99.905	—	—	—
14	0.013	0.095	100.000	—	—	—

注:采用的方法为主成分分析。

表 2-9　组分矩阵

组分	分析结果				
	1	2	3	4	5
L-Re	0.906	—	—	0.258	—
Dw-GY	0.878	0.245	0.126	−0.198	—
TT-GY	−0.845	0.106	−0.376	0.164	—
Fw-GY	0.831	0.336	0.104	−0.181	—
Fw-Re	0.774	0.362	−0.308	—	—
D-Re	0.768	−0.160	—	0.325	0.418
VC-Re	−0.699	—	0.264	−0.212	0.508
TS-Re	−0.556	0.293	0.343	0.412	−0.535
K3R-GY	−0.547	0.318	0.527	—	0.333
TA-Re	0.284	−0.828	—	−0.200	—
EA-GY	−0.199	0.786	−0.105	−0.262	—
SS-Re	0.183	0.585	−0.145	0.585	0.367
TMA-Re	−0.215	0.359	−0.839	−0.268	—
硬度-Re	0.364	0.547	0.573	−0.244	−0.134

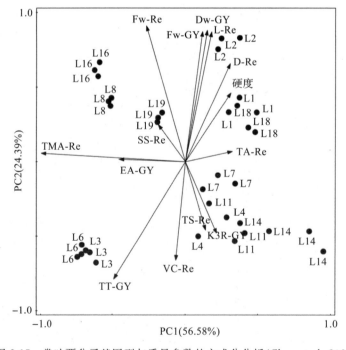

图 2-15　掌叶覆盆子基因型与质量参数的主成分分析(Chen et al.,2021)

2.3.6　掌叶覆盆子种内与种间的遗传多样性

随机扩增多态性 DNA(random amplified polymorphic DNA,RAPD),是以基因组 DNA 为模板,以单个人工合成的随机多肽核苷酸序列(约 10bp)为引物,进行 PCR 扩增,并根据扩增条带多样性来分析基因型多样性的一种技术。RAPD 分析操作简便、经济高效,虽后续有更稳定的分子标记开发,但其仍广泛用于植物资源遗传多样性研究和园艺植物品种鉴定。段娟(2007)、贾静波等(2008)和李媛媛(2009)用 RAPD 技术对西南地区野生悬钩子属植物、黑莓种群和树莓种群进行了分析,结果表明悬钩子属植物种间、种内均存在丰富的多样性,可较好地加以区别。我们共筛选到 25 条适合掌叶覆盆子种间或种内分析的 RAPD 引物,尤其是 6 条种内鉴定可用的 RAPD 引物,后续可扩大样品量,进行掌叶覆盆子的品种鉴定和分子标记辅助育种。

(1)材料与方法

取掌叶覆盆子 17 个株系和 7 种当地野生悬钩子属植物山莓(*R. corchorifolius*)、高粱泡(*R. lambertianus*)、三花悬钩子(*R. trianthus*)、重瓣空心泡(*R. rosifolius* var. *coronarius*)、茅莓(*R. parvifolius*)和光滑悬钩子(*R. tsangii*),以及一种引进的黑莓赫尔(*R. fructicosus* var)的幼嫩叶片,用植物基因组 DNA 提取试剂盒(天根 DP305,中国)提取基因组 DNA。选取 54 条 RAPD 引物进行遗传多样性分析(陈亦权等,2022)。PCR 反应体系(20μL):2μL 10×PCR 缓冲液(含 Mg^{2+}),2.5μL 2.5mmol/L dNTPs,1μL 10μmol/L 引物,1μL 模板 DNA,0.5μL 5U *Taq* DNA 聚合酶,13μL ddH$_2$O。扩增程序:95℃预变性 5min;接着 94℃处理 1min,29～35℃处理 1min,72℃处理 2min,共 36 个循环;最后 72℃延伸 7min。电泳检测扩增结果。每条引物重复 3～4 次。选择扩增结果条带清晰、重复性好的引物用于掌叶覆盆子的亲缘关系分析。统计凝胶上清晰易辨、稳定的扩增条带,同一位置有条带记为"1",无条带记为"0",形成 RAPD 的 1—0 数据矩阵,用 NTSYS 2.10e 软件处理,以 Nei-Li 公式计算 $GS=2N_{ij}/(N_i+N_j)$,其中 GS 为遗传相似系数,N_i 和 N_j 分别为样品 i 和 j 的扩增片段数目,N_{ij} 为样品 i 和 j 共有的扩增片段数,使用非加权成对算术平均法(unweighted pair group method with arithmetic mean,UPGMA)进行聚类分析。

(2)结果与讨论

经过重复实验,25 个引物扩增所得的条带清晰可见,重复性好,且具有丰富的多态性,种间区分度好,可用以区分掌叶覆盆子和其他悬钩子属植物(部分扩增结果见图 2-16)。这些引物包括 RA9(5′-GGGCGGTACT-3′)、RA10(5′-GTGACAG

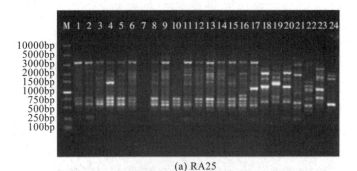

(a) RA25

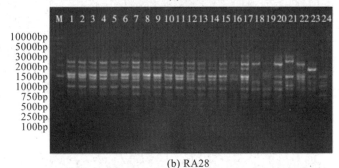

(b) RA28

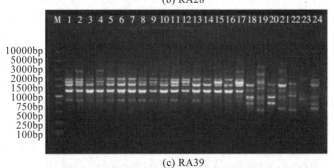

(c) RA39

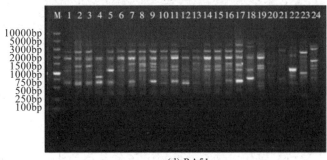

(d) RA51

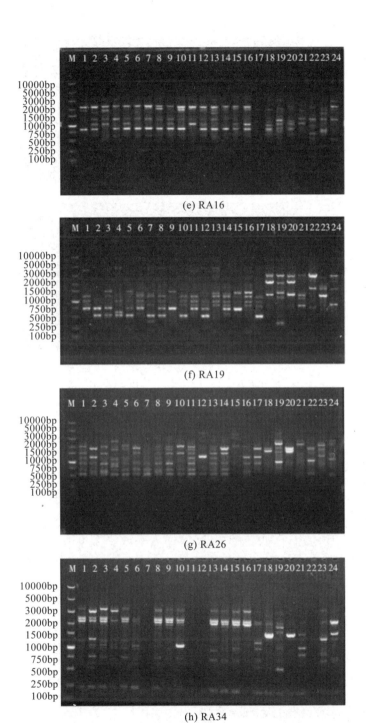

(e) RA16

(f) RA19

(g) RA26

(h) RA34

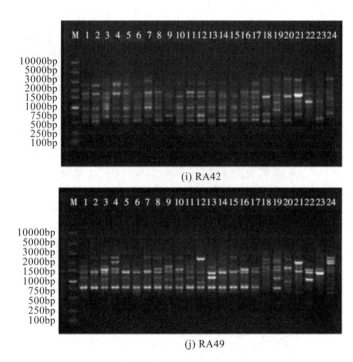

(i) RA42

(j) RA49

图 2-16　掌叶覆盆子及部分悬钩子属植物 RAPD 扩增结果

注：M，Marker。1—9，掌叶覆盆子 L1—L9；10，掌叶覆盆子 L11；11，掌叶覆盆子 L13；12—14 掌叶覆盆子 L14—16；15—17，掌叶覆盆子 L18—L20；18，山莓；19，高粱泡；20，三花悬钩子；21，重瓣空心泡；22，茅莓；23，黑莓；24，光滑悬钩子。

GCT-3′）、RA16（5′-TCACGTCCAC-3′）、RA19（5′-GTGACGTAGG-3′）、RA21（5′-TCGGCGATAG-3′）、RA23（5′-AGCCAGACGA-3′）、RA24（5′-GGTGATCAGG-3′）、RA25（5′-GTGCCTAACC-3′）、RA26（5′-CTGACGTCAC-3′）、RA27（5′-AATCGGGCTG-3′）、RA28（5′-GGCACTGAGG-3′）、RA33（5′-GGTCCTCAGG-3′）、RA34（5′-TACCGACACC-3′）、RA35（5′-TCGGAGTGGC-3′）、RA37（5′-CCACCGCCAG-3′）、RA38（5′-AGAGTCGCCC-3′）、RA39（5′-CAGTTCGAGG-3′）、RA40（5′-AGCCAGCGAA-3′）、RA41（5′-TCGCCCCATT-3′）、RA42（5′-AGCACTGTCA-3′）、RA49（5′-AAGACCCCTC-3′）、RA50（5′-TGGCGTCCTT-3′）、RA51（5′-GGGTAACGCC-3′）、RA52（5′-CTGAGACGGA-3′）和 RA53（5′-AGGGCCGTCT-3′）。RA16、RA19、RA26、RA34、RA42 和 RA49 扩增结果在掌叶覆盆子不同株系内部也有较好的区分度，其多态性分别达 80.0%，87.5%，100%，60.0%，82.3% 和 92.3%，平均多态性 83.68%，对于株系鉴定、溯源和性状关联等均具有重要意义。

RA16 等 6 条引物对于 8 种悬钩子属植物 24 个植株样品共扩增出 84 条多态

性条带,遗传相似系数在 0.42~0.88,种内 GS 在 0.65 以上(陈亦权等,2022)。其中,L1 和 L13 的遗传相似性最高,都为当地山上野生品种,具有较高的同源性。L18 和 L20 的 GS 最小。L18 来源于浙江临海,果大,枝干皮刺密集;L20 来源于浙江丽水,主干下部略有皮刺,枝条上无刺。聚类结果表明,在相似系数 0.76 处,能完全区分出掌叶覆盆子和其他七种悬钩子属植物。同时,根据聚类分析结果,可将供试掌叶覆盆子株系分为 5 个类群:类群Ⅰ包含 12 个株系 2 个亚类,其中Ⅰa 包含 L1、L13、L5、L6、L8、L15、L3、L9 八个株系,Ⅰb 包含 L2、L4、L20 及 L14 四个株系;类群Ⅱ只包含 L19 一个株系;类群Ⅲ包含 L11 和 L16 两个株系;类群Ⅳ和类群Ⅴ分别只含单个株系 L18 和 L7。

2.3.7　掌叶覆盆子的 SSR 标记的开发与应用

简单序列重复(simple sequence repeat,SSR)或微卫星标记(microsatellite),是以 1~6 个碱基为基本单元的串联重复序列,具有多态性高、重复性和稳定性好、信息含量高、等位变异多、特异性强、进化选择压小等优点,被广泛运用于群体遗传学研究、遗传图谱构建和分子标记辅助育种等工作中。Graham 等(2004)结合 SSR 标记和扩增片段长度多态性(AFLP)标记构建了红树莓的遗传连锁图谱,从而鉴定了控制复杂表现形式的基因,有利于提高树莓育种的速度和精确度。Bushakra 等(2015)构建了红树莓哈瑞太兹和黑树莓黑水晶(Bristol)的 cDNA 文库,分别开发出 131 和 288 对 SSR 引物,基本可用来对红树莓和黑树莓进行种内和种间鉴定。但迄今尚未有关于掌叶覆盆子 SSR 标记的报道。

(1)掌叶覆盆子 SSR 标记初筛

1)材料与方法

取掌叶覆盆子和部分悬钩子属植物幼嫩叶片,用植物基因组 DNA 提取试剂盒提取基因组 DNA,并用 1% 的琼脂糖凝胶电泳检测 DNA 质量,−20℃ 保存备用。根据 Graham 等(2002,2004)、Kostamo 等(2013)、张春红等(2015)关于树莓和黑莓 SSR 标记的实验结果,选取 64 对 SSR 引物(表 2-10)。SSR-PCR 反应体系(20μL):ddH_2O 7μL,2×Es Taq Mix 试剂 10μL,10μmol/L 正、反向引物各 1μL,基因组 DNA 1μL(冰上操作)。扩增程序:94℃ 预变性 3min;94℃ 变性 50s,退火 50s(退火温度 48~54℃,视具体引物而定),72℃ 延伸 50s,共 35 个循环;最后 72℃ 延伸 5min,琼脂糖凝胶初检。聚丙烯酰胺制胶:ddH_2O 7mL,10×三羟甲基氨基甲烷-硼酸(TBE)溶液 1mL,40% 聚丙烯酰胺(19:1)2mL,10% AP 0.1mL,N,N,N′,N′-四甲基乙二胺(TEMED)10μL,用于制作 8% 非变性聚丙烯酰胺凝胶电泳

(PAGE)胶,点样跑胶后再通过银染的方法染色并用相机拍照保存。

2)结果与讨论

扩增结果显示,23 对引物能扩增得到相对清晰的条带。其中,P7(Rubus19a)、P33(Rubus126b)、P34(Rubus137a)可用以区分掌叶覆盆子与所试的其他 7 种悬钩子属植物;P14(Rubus43a)可用以区分掌叶覆盆子与山莓、高粱泡、茅莓和黑莓赫尔;P53(Rubus259f)可用以区分掌叶覆盆子与重瓣空心泡、茅莓、黑莓赫尔和光滑悬钩子;P61(Rubus277a)可用区分掌叶覆盆子与山莓、高粱泡、三花悬钩子、茅莓和黑莓赫尔;P39(Rubus166b)和 P55(Rubus262b)可用以区分掌叶覆盆子与三花悬钩子和重瓣空心泡(图 2-17)。对于掌叶覆盆子种内的区分,仍需扩大 SSR 标记的筛选范围。

表 2-10　悬钩子属植物 SSR 引物及序列

引物编号	引物名称	SSR	正向引物	反向引物
P1	Rubus1b	(TA)12-(AG)10	CCTCTTCACCGATTTAGACCA	TTTAGCCCCAGTCCAAAAGTT
P2	Rubus2a	(GT)12-G-(GT)8	TGAGGGAAGAAGAGGCAAGA	CACGTGTGACCCCAATGATA
P3	Rubus4a	(CT)14(CA)16	AGCGAATTGCATCTCTCTC	GCACTGAAAAATCATGCATCTG
P4	Rubus6a	(CT)16(CA)32	TGCATGTGACTTTGCATCTCT	GCACTGAAAAATCATGCATCTG
P5	Rubus12a	(CT)7(AT)6(GT)10	ATTCCCCGCCTCAGAATAAT	AAGGTTTGTGACGGGAACAG
P6	Rubus16a	(AT)8(GT)11	TGTTGTACGTGTTGGGCTTT	GGGTGTTTGCCAGTTTCAGT
P7	Rubusr19a	(TA)5	GCAGATCAATGAAAGCCCATT	CGGATCCTCCAACCTTCAT
P8	Rubus20a	(A)14	TGACATAATGCATGAAGGGAAA	CACTATGGTTGGCCACAGG
P9	Rubus22a	(AT)16(GT)5	TGTGGACGACCATAACTTGC	TCGGCATTTATACACACACACA
P10	Rubus24a	(AT)5	ACACACGCACGTACAGCACT	GCGCAGTCAAGTGGACTTTT
P11	Rubus25a	(GT)8	GCCAAACACACCGTTATCTTG	CATTACCACACGCTTGATGC
P12	Rubus26a	(CT)11(CA)29	AACACCGGCTTCTAAGGTCT	GATCCTGGAAAGCGATGAAA
P13	Rubusr35a	(CT)8	TTGGAAGCACAAAAGCGATA	GCGACAGCCAAAACAAAAGT
P14	Rubusr43a	(CT)5	TGCCTAAAGTTTGCTGCTGA	TCGAATGTAACTGCGAGTGC
P15	Rubus45C	(T)10-(A)11-(GA)15	GAGGGGCAATTAAAGGGTTT	TGTTGTAATTTGGTTTATCCTTGG
P16	Rubusr47a	(CT)7-(TA)7	AAGCAGGACACCTCAGATGC	CAGCCAACCATCATCAGCTA
P17	Rubus49a	(TA)7-(GA)7	CAGCCAACCATCATCAGCTA	TTGTTTTCAGGAGGCAGGAC
P18	Rubusr56a	(TG)12(AG)11	TGGAGATTCCAAATAAACAAATACCC	TGTGTAAACCGTTGGATGAA
P19	Rubus57a	(AG)11	ATGTGTGGGGGAAGATAACG	TGTCCCCAACATTTCATACAAA
P20	Rubusr59b	(CT)9	CTCCTCCTCTTTCCTCGTCA	AAGTGCTGCTGATGTGTTGC
P21	Rubusr76b	(CT)5-(CT)4	CTCACCCGAAATGTTCAACC	GGCTAGGCCGAATGACTACA
P22	Rubus98d	(GAA)5-(GA)6	GGCTTCTCAATTTGCTGTGTC	TGATTTGAAATCGTGCGGTTA

续表

引物编号	引物名称	SSR	正向引物	反向引物
P23	Rubus102c	(C)9(A)10	CCCCTCCCCTCTCTGTAGAT	TCATGTGCAAACCCGTACAC
P24	Rubus105b	(AG)8	GAAAATGCAAGGCGAATTGT	TCCATCACCAACACCACCTA
P25	Rubus107a	(AG)8	GCCAGCACCAAAAACCTACA	TTTCACCGTCAAGAAGAAAGC
P26	Rubus110a	(TC)8	AAACAAAGGATAAAGTGGGAAGG	TGTCAGTTGGAGGGAGAACA
P27	Rubus116a	(CT)12-(T)10	CCAACCCAAAAACCTTCAAC	GTTGTGGCATGGCCTTTTAT
P28	Rubus117b	(CATA)6-(GA)8	CCAACTGAAACCTCATGCAC	ACTTGGTCCTGTTGGTCTGG
P29	Rubus118b	(CT)25	CCGCAAAACAAAAGGTCAAG	GGATTCTTGCCAAAGTCGAA
P30	Rubus119a	(GA)8	GAGCAAAACAAACACAGATCAAA	CTCCAAGTAGTCACGCAGCA
P31	Rubus123a	(AG)8	CAGCAGCTAGCATTTTACTGGA	GCACTCTCCACCCATTTCAT
P32	Rubus124a	(AT)9	ATGAGCGCGAAATGTGGTAT	GTGGAAGTTGTTGTCGCTCA
P33	Rubus126b	(CT)31(CA)22	CCTGCATTTTTCTGTATTTTGG	TCAGTTTTCTTCCCACGGTTA
P34	Rubus137a	(TG)8-(TA)4	TGTGAGCAGAGTGAAGGAGCTA	AGCATTATTCGCGCAGTTTT
P35	Rubus145a	(GT)7	TGTCCCAGCTTTCTGGTTTC	GGCATCTGTGCGGTAAAAAT
P36	Rubus153a	(GT)11	CCCAGCTTCAGTTGGAAAGA	AGAGGCTCATTTGCCTTGAA
P37	Rubus160a	(CT)7	TCCAACTCGGATTCTCCATC	TATGTGAGCTGGGCATGGT
P38	Rubus163a	(GA)35	TGTTGTCCTCTGCAACCATT	GCATAGCCCACAATTAGCAA
P39	Rubus166b	(TC)15	CCGCAAGGGTTGTATCCTAA	GCATGAGGGCGATATAAAGG
P40	Rubus167a	(TC)9	AACCCTAAGCCAAGGACCAT	CACCACCCATGACAGTCAGA
P41	Rubus194h	(GA)12	TGTGTTGTTCTCTGCAACCA	AGCCCTTACTTTTCCTGCAA
P42	Rubus210a	(CT)25	TCCTGATGGTTGTCTGGTTG	TTCGAGGCTTTTCAGAAACAA
P43	Rubus223a	(AT)4-(TA)8-(AT)10	TCTCTTGCATGTTGAGATTCTATT	TTAAGGCGTCGTGGATAAGG
P44	Rubus228a	(GA)41	TGGACAGCTTTGTGCAGAGT	GCTTGCTTGTATCTCCATTGC
P45	Rubus233a	(CT)11	TGCTGCTTTGTTATTTTGTGC	GGTCAACAATCCTTGGATAATCA
P46	Rubus237b	(TTTTC)3	CATGCTTGCATGATCACCAC	TGAGCCATAAATTTAGAGGGATT
P47	Rubus243a	(CT)12	TGAGCGAGATGATTGGAGTG	TATGTGGTGATCATGCAAGC
P48	Rubus251a	(GA)10	GCATCAGCCATTGAATTTCC	CCCACCTCCATTACCAACTC
P49	Rubus252a	(TA)7-(AG)7	CATTGGCTACAGGCAACTCA	TTGGCACAAGTGGACAGAAG
P50	Rubus253a	(CT)34(AT)11	ACCTCCAAATGCCATAGTGC	CAAGAATCTGATCTCGTCTTAGCA
P51	Rubus256e	(CTT)7(CT)8(AT)10(AC)5	CAACCTGAAAACCAAACTCG	CTGAGAGCCTGAGAGGTGGT
P52	Rubus257a	(CT)4-(CT)6	CTCATCCCAACAGGTGTACG	GAGACTCCATGGCGAGAAAG
P53	Rubus259f	(CT)4-(AG)8	TGGCACAAGAAGCCTGTAAC	TCCCATATCCCTCAGCATTC
P54	Rubus260a	(GA)13	TTCGGAATTTCGGATCAAAC	GAGAGATCTGACTTGCCAACG
P55	Rubus262b	(AG)15	TGCATGAAGGCGATATAAAGG	TCCGCAAGGGTTGTATCCTA
P56	Rubus263f	(AT)16-(CA)4	ATTCCGCCCTGCATAAATC	GGAAATTGGAAACCATTGGA
P57	Rubus264b	(GA)5-(GAAA)3(GA)7	TGCACAGTTTAGGGCAAAATC	ATCAGGCTGCATTTTTACGC
P58	Rubus268b	(GA)10	CCAAGACAATGACCTGAGCA	GGACAGGGTTCCACAGAGTG
P59	Rubus270A	(GA)10	GCATCAGCCATTGAATTTCC	CCCACCTCCATTACCAACTC

引物编号	引物名称	SSR	正向引物	反向引物
P60	Rubus275a	(AG)27	CACAACCAGTCCCGAGAAAT	CATTTCATCCAAATGCAACC
P61	Rubus277a	(A)11(AG)8	GCCCCATCCTGTACAAAGAA	TTGCAACAAAGGTACGTAATGG
P62	Rubus279a	(GA)21	TCGACATGGCTAGTTCTACACAG	CCCCAACTTAAACCATTCTCA
P63	Rubus280a	(AG)13	TTCGGAATTTCGGATCAAAC	CGACCAAAAAGGAACTCAGC
P64	Rubus285a	(TC)9	TCGAGAAGCTTGCTATGCTG	GGATACCTCAATGGCTTTCTTG

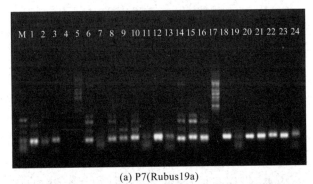

(a) P7(Rubus19a)

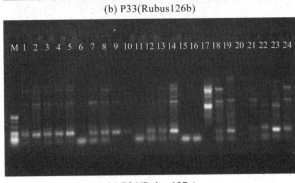

(b) P33(Rubus126b)

(c) P34(Rubus137a)

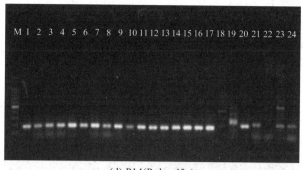

(d) P14(Rubus43a)

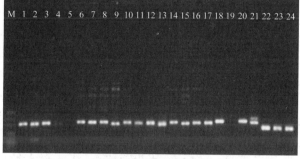

(e) P53(Rubus259f)

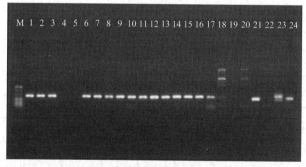

(f) P61(Rubus277a)

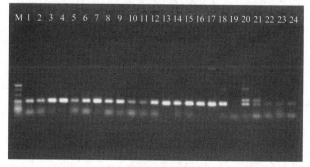

(g) P39(Rubus166b)

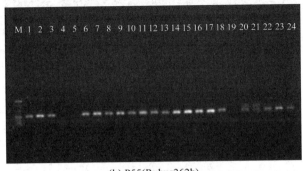

(h) P55(Rubus262b)

图 2-17 掌叶覆盆子及其他悬钩子属植物 SSR 扩增结果

注:M,Marker;1—9,掌叶覆盆子 L1—L9;10,掌叶覆盆子 L11;11,掌叶覆盆子 L13;12—14
掌叶覆盆子 L14—L16;15—17,掌叶覆盆子 L18—L20;18,山莓;19,高粱泡;20,三花悬钩子;21,
重瓣空心泡;22,茅莓;23,黑莓;24,光滑悬钩子。

(2)掌叶覆盆子 SSR 标记开发

1)材料与方法

以有刺(L1)、无刺(L3)和局部有刺(L20)3 种掌叶覆盆子为材料,取嫩枝剪
碎混匀,用 Trizol 法提取总 RNA,3 次重复,并进行转录组测序(Illumina
HiSeqTM 2500)(江景勇等,2023)。根据转录组测序结果,采用 MISA(1.0 版)
进行 SSR 位点分析。各种 SSR 单元的最少重复数量分别设置为:1—10,2—6,
3—5,4—5,5—5,6—5(1—10,指的是单核苷酸的单位重复数量设置为至少 10
次;2—6,指的是二核苷酸的单位重复数量设置为至少 6 次;3—5,指的是三核苷
酸的单位重复数量设置为至少 5 次;以此类推)。另外还包括中间有若干碱基
(间隔小于 10bp)插入的复杂 SSR(compound SSR)。接着,根据 SSR 两端序列往
往趋向于保守的特点,以其两侧序列为模版,利用 Primer Pemier 5(退火温度控
制在 50℃以上)设计互补引物,对每个潜在 SSR 位点分别设计 3 组引物。后期
由于重复基元的串联重复次数不同,可通过 PCR 扩增方法得到片段大小不一的
产物,并利用凝胶电泳显示 SSR 位点的长度多态性。

2)结果与分析

本次转录组测序数据共计 99.72G,预测到 19813 个 SSR 位置信息,其中单核
苷酸重复 10113 个(占 51.04%),二核苷酸重复 6791 个(占 34.27%),三核苷酸重
复 2638 个(占 13.31%),四核苷酸重复 164 个,五核苷酸重复 30 个,六核苷酸重
复 77 个。二、三核苷酸数量占一定优势,最为广泛地应用于 SSR 的标记开发。进

一步预测 CDS(coding DNA sequence,DNA 编码序列),鉴定出 7318 个 SSR 位点,其中 778 个位于编码区,6540 个位于非编码区(untranslated region,UTR)。三核苷酸的整倍体 SSR,包括三核苷酸 SSR 和六核苷酸 SSR,在 CDS 和 UTR 区域的比例较为接近;三核苷酸的非整倍体 SSR,如五核苷酸 SSR、四核苷酸 SSR、双核苷酸 SSR 和单核苷酸 SSR,在 UTR 区域的比例远远高于在 CDS 区域的比例。可见,SSR 更容易出现在 UTR(89.37%)而非 CDS(10.63%)区域。若 SSR 处于编译区,它的变异往往会产生较大的影响,如氨基酸的增加或减少,甚至移码,从而形成较大的选择压力;若 SSR 处于非编码区域,其变异形成的选择压力则较小。三核苷酸 SSR 和六核苷酸 SSR 是 3 的倍数,其多态性对阅读框的完全移码影响较小,因此受到的选择压力较小,在 CDS 区域出现的频率明显增加。此外,"AT-"富含基元比较容易出现在 3'UTR,因其往往涉及 3'UTR 的顺式元件,如多聚腺苷酸(poly A)尾信号的"AAUAAA",与 mRNA 的稳定性有关(Pesole et al.,2001)。

对 SSR 进行引物设计,14576 个 SSR 一共设计了 43728 对引物,即对每个 SSR 设计了 3 对引物。其中五核苷酸 SSR 得到引物的比例最高(95.24%),接着依次为三核苷酸 SSR(92.47%)、六核苷酸 SSR(88.24%),二核苷酸 SSR 和复合 SSR 得到引物的比例相对较低(78.23% 和 78.24%)。选取 200 对二核苷酸重复 SSR 和三核苷酸重复 SSR 的引物对覆盆子样品进行验证,以 L3、L20 和 L3×L20(杂交植株)的幼嫩叶片基因组 DNA 为模板,进行 SSR 扩增,结果表明引物 SSR-P45F(5'-TGCTGAGTAACCATCCACGC-3')和 SSR-P45R(5'-CGTTG ATCGGCGTAAGGAGA-3')、SSR-P46F (5'-GGAGACCGAGGGAGAGAAGA-3')和 SSR-P46 R(5'-CTTCCACTCTCCCCAAACCC-3')可用于亲缘关系鉴定。SSR-P45 为(TCT)$_8$,即三核苷酸 8 次重复,扩增产物 201bp,扩增结果显示 L3 无条带,L20 和 L3×L20 条带一致;SSR-P46 为(CAA)$_7$,即三核苷酸 7 次重复,扩增产物 237bp,扩增结果显示 L20 无条带,L3 和 L3×L20 条带一致;SSR-P48 为(AGG)$_9$,即三核苷酸 9 次重复,扩增产物 250bp,扩增结果显示 L3、L20 条带一致;SSR-P47 为(GGA)$_7$,即三核苷酸 7 次重复,扩增产物 270bp,3 个株系均扩增得到条带(图 2-18)。

本次掌叶覆盆子转录组鉴定的 SSR 信息为基因内部 SSR 标记的开发、亲缘关系鉴定和后续定位研究奠定了基础。这些序列涉及了多条代谢途径,可能与重要的生物学功能有关。我们开发的 SSR 也可广泛应用于其他悬钩子属植物的遗传多样性研究。

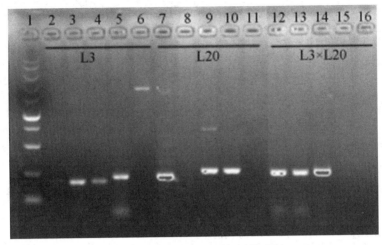

图 2-18　掌叶覆盆子 SSR 引物验证

注：Marker、1、2—6、7—11 和 12—16 各组的引物依次为 SSR-P45、P46、P47、P48、P49。

2.3.8　覆盆子 DNA 条形码

中药 DNA 条形码技术是利用植物基因组上一段标准的、易扩增且有足够变异的较短 DNA 片段在种间具有多样性、在种内具有特异性的特点，而创建的生物身份识别系统。ITS2 是中药材鉴定常用的条形码。在核基因组中，编码植物核糖体 5.8S，18S 和 26S 的基因序列共同构成转录单位，总长 600～700bp，其中 18S 与 26S 间的基因区间被称为 ITS(internal transcribed spacer，内转录间隔区)。方洁等(2020)利用 ITS2 引物对(正向引物：5′-ATGCGATACTTGGTGTGAAT-3′，反向引物：5′-GACGCTTCTCCAGACTACAAT-3′)对 24 份市售的覆盆子药材及 5 种常见易混淆的同属植物，包括高粱泡、山莓、蓬蘽、茅莓和寒莓，进行了鉴定，结果表明基于 ITS2 序列的 DNA 条形码可用于覆盆子及其伪品的鉴定。以 5′-TATGCTTAAAYTCAGCGGGT-3′ 和 5′-AACAAGGTTTCCGTAGGTGA-3′ 为上、下游引物，扩增了 15 种植物的 ITS 序列全长，长度为 627～631bp，其中光滑悬钩子的 ITS 序列最长(631bp)，尾叶悬钩子次之(630bp)，茅莓、插田泡、棕红悬钩子和白叶莓的 ITS 序列最短(628bp)。其中，5.8S 序列比较保守，均为 164bp，且碱基排序基本一致；ITS1 和 ITS2 的变异较为丰富，存在多次缺失/插入、颠换和转换现象，这些位点可用于区分 15 种悬钩子属植物(蒋明等，2013)。

取掌叶覆盆子、重瓣空心泡、黑莓无刺赫尔和黑莓有刺品种，采用十二烷基硫

酸钠(SDS)法提取基因组 DNA,以 NrITS5(5′-GGAAGTAAAAGTCGTAACAA
GG-3′)和 NrITS4(5′-TCCTCCGCTATATGATATGC-3′)为引物对,进行 PCR 扩
增。扩增体系:基因组 DNA 模板 $2\mu L$,$10\mu mol/L$ 上、下游引物各 $2\mu L$,$2.5mmol/L$
dNTP 混合试剂 $4\mu L$,$10\times PCR$ 缓冲液(含 Mg^{2+}) $5\mu L$,Taq DNA 聚合酶
(TaKaRa)$0.5\mu L$,最后加 ddH_2O $34.5\mu L$ 至总体积为 $50\mu L$。PCR 程序:94℃预变
性 5min,94℃变性 30s、50℃退火 30s、72℃延伸 1min,经过 35 个循环后在 72℃下
延伸 10min,4℃低温下放置。进行琼脂糖凝胶电泳,并用 DNA 凝胶回收试剂盒对
电泳产物进行回收和纯化(图 2-19)。将回收的 PCR 片段与质粒 pMD19-T 连接,
使用氯化钙转化法将其转入大肠杆菌,挑取阳性克隆测序。利用生物信息学软件
DNAMAN 对测得的序列分别进行同源性比对。利用软件 Clust-alX(ver1.8)进
行多重序列比对。由图 2-20 可知,掌叶覆盆子、黑莓赫尔和重瓣空心泡序列相似
度为81.81%,存在较多的插入/缺失、转换等位点。两两比对结果显示,掌叶覆盆
子 ITS 序列与黑莓赫尔 ITS 序列相似度为 75.28%,与黑莓有刺品种 ITS 序列相似
度为 67.06%,与重瓣空心泡 ITS 序列相似度为 66.06%。可见,悬钩子属植物 ITS
序列的信息位点丰富,可用于种间区分,为分子鉴定和遗传多样性研究奠定了基础。

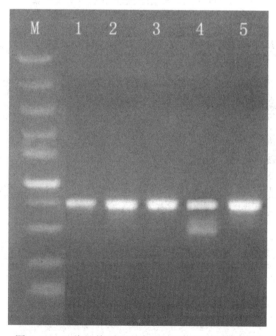

图 2-19　4 种悬钩子属植物的 ITS 序列扩增片段

注:M,Marker;1,掌叶覆盆子 L8;2,黑莓赫尔;3,黑莓有刺;4,红腺悬钩子;5,重瓣空心泡。

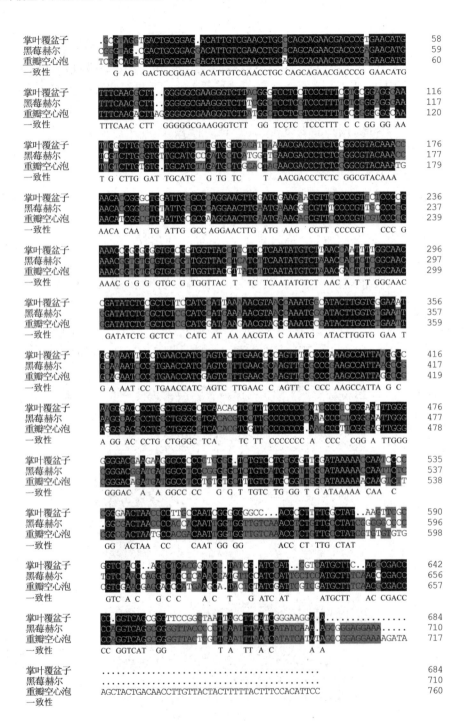

图 2-20　3 种悬钩子属植物的 *nrITS* 基因的核苷酸序列比对

2.4　掌叶覆盆子品种选育

2.4.1　浙覆 3 号

"浙覆 3 号"是 2012 年 3 月在浙江省台州市三门县进行野生掌叶覆盆子种质资源调查时发现的野生掌叶覆盆子,全株无刺(图 2-21),叶主 7 裂。采回 2 株根蘗苗种植(根蘗繁殖无性系),并于 2014—2016 年定植后进行常规管理,记录分析其特异性、一致性和稳定性。

(a) "浙覆3号"（枝干无皮刺）　　　　　(b) 常规农家栽培种

图 2-21　"浙覆 3 号"的特征性枝干特征

"浙覆 3 号"植株直立,新生茎萌发数量中等,平均为 10 株,休眠茎长度为 69.22cm,中部 1/3 处直径中等,花色苷着色程度弱,分枝数量为 21 枝,全长分布、横截面圆形、无刺;新梢快速生长期花青素呈色弱、新梢绿色程度中等,无腺毛;叶裂类型为掌裂,中裂片长、宽度中等、横切面平、边缘褶皱无或极弱、中脉间褶皱极弱;小叶叶缘类型重锯齿状,锯齿钝,裂刻浅;叶片为单叶,单叶裂片数量主 7 裂偶 5 裂,叶片上表面绿色程度和光泽度都为中;托叶小、条形;叶柄长度为 4.5cm;单花序,花直径为 4.98cm,花瓣白色椭圆形;结果枝短,果梗长度中,果形指数为 1.13;果实红色,纵剖面宽卵形,小核果数量 182 粒;当年生茎不结果,二年生茎结果;萌芽期 2 月下旬;二年生茎始花期 3 月上旬,果实始熟期 4 月下旬。其在浙北(临岐镇和余杭区)的物候期较浙中南(临海市和磐安县)迟一个星期左右。"浙覆 3 号"标准图谱见图 2-22。

(a) 叶   (b) 根

(c) 茎   (d) 花

(e) 青果   (f) 红果

图 2-22 "浙覆 3 号"标准图谱

"浙覆 3 号"适宜在浙西、浙中、浙南等地及其周边地区种植。适宜用 pH 值为 5.5～7.0,土层深厚,透气性强、排水良好的壤土栽培。采用组织培养或根蘖繁殖,根蘖苗应在秋季落叶后、第二年基生枝萌发前种植,株丛栽培,株行距为 2m× 1.4m,每年每株丛留 3～5 株新发基生枝;单株栽培,株行距为 3m×1.8m,翌年保留 1 株健壮新发基生枝,搭篱壁架或用单杆固定。每年施肥 3 次(1 次基肥,2 次追肥),第一次追肥在花后幼果生长期,施高钾复合肥,每株(丛)200g;第二次追肥在采摘并去除老枝后,每亩施 30kg 的平衡型复合肥;基肥在秋天落叶前施,以有机肥为主。在春季花芽萌发前进行修剪,剪去其顶部干枯、细弱枝条。夏季修剪在果实采收后,剪去全部的当年结果枝,保留当年新萌枝条。株丛栽培,每株丛留 3～5 株新发基生枝;单株栽培,保留 1 株健壮新发基生枝。该品种的病害主要有叶斑病、枝枯病、根腐病,可选用无病种苗,按《掌叶覆盆子生产技术规程》(DB33/T 2076—2017)生产,加强生产场地管理,清洁田园,合理施肥,科学排灌。发病季节及时清除病株,集中销毁。虫害主要有叶甲类、天牛类、小蠹蛾、黄刺蛾、螨类等,可采用糖醋液、色板诱集,毒诱饵诱杀,人工捕杀,或保护和利用天敌,使用生物农药进行控制,也可选用 1% 印楝素乳油 750 倍液、3% 苦参碱水剂 800 倍液进行喷雾防治。化学防治时间为清除结果母枝后,需根据病虫害的发生情况进行。在落叶休眠后和萌芽前全园各喷一次 4～5 波美度的石硫合剂。

该品种于 2022 年 12 月 29 日由国家林业和草原局授权,获植物新品种权,2023 年 1 月 29 日通过浙江省主要林木品种审定。

2.4.2　浙覆 1 号和浙覆 2 号

"浙覆 1 号"(图 2-23),枝干带丁刺,花期为 3 月中旬至 4 月上旬,果期为 4 月中下旬至 5 月中旬,属中熟品种。果实呈圆柱形;果粒较粗,分布不够平整;成熟果实为红色,口味酸甜;叶分裂较浅;每裂叶中宽,后钝头尖;平均单果重 7.45g,单株产量可达 952g。单株基生枝数平均为 6 枝。

"浙覆 2 号"(图 2-24),野生选育品种,该品种为地上部 2 年生,地下部多年生的落叶灌木,株丛高 220～250cm,叶片掌状 5 深裂或 7 裂,全株有丁刺。萌芽期为 2 月下旬,始花期为 3 月上旬,青果采收期为 4 月下旬。鲜果始熟期为 4 月底至 5 月初,果实中熟。青果平均单果重 1.5g,平均亩产量为 271kg,干果产量为 89.17kg。成熟鲜果红色,单果重 6.7g,圆锥形,果实酸甜,可溶性固形物含量约为 15%。

(a)　　　　　　　　　　(b)

(c)　　　　　　　　　　(d)

图 2-23　"浙覆 1 号"果实及结果状

(a)　　　　　　　　　　(b)

图 2-24　"浙覆 2 号"果实

2.4.3　选育的其他优株

选取优质株系 L2(果粒大)、L3(无刺)、L6(果实橙黄香甜)、L7(果实香甜可口)、L8(果粒大)以及单瓣空心泡及空心泡等其他悬钩子属植物,进行组合杂交以培育新的种质。

取一部分未开放的花苞,用镊子展开,取下花药放入装有变色硅胶的试管中,在室温或冰箱中储存(江景勇等,2016),待花粉干燥散出后用以杂交。通过此方法获得了一部分杂交成果的果实,果粒较小,共获得单瓣空心泡×L3、L14×L3、L3×L6、L7×L3 等杂交组合的种子。播种后获得一定数量的杂交后的掌叶覆盆子实生苗。苗第一年健壮生长,L3 自交后代有继续保留无刺性状的,也有出现细小、较疏刺的(图 2-25a)。L3 与 L7 或 L14 杂交,后代出现有刺性状(图 2-24b、c)。L3 和单瓣空心泡杂交后,后代基本有刺,且一部分表现出掌叶覆盆子的叶形,另一部分表现出亲本中间类型的叶形,两种后代的比例约为 1∶1(图2-24d)。后续可进一步观察结果,分析果实品质。

(a) L3自交后代

(b) L3×L14后代　　　　　　　(c) L3×L7后代

(d) L3×单瓣空心泡后代

图 2-25 掌叶覆盆子杂交后代

参考文献

陈林霖,潘娟,赵陆华,阳凌燕,2006.覆盆子药材 HPLC 指纹图谱的研究[J].中成药,28
    (7):937-940.

陈晓红,岳显可,2018.基于聚类分析和主成分分析浙产覆盆子 HPLC 指纹图谱研究[J].
    中国中医药科技,25(3):350-354.

陈亦权,陈珍,江景勇,刘浩正,唐雨杰,2022.掌叶覆盆子种内与种间遗传多样性的 RAPD
    分析[J].湖北农业科学,61(21):183-188.

程丽玲,2013.覆盆子的质量标准研究[D].合肥:安徽中医药大学.

段娟,2007.西南地区 17 种(33 份)不同来源的野生悬钩子属植物种间遗传多样性的
    RAPD 分析[D].雅安:四川农业大学.

方洁,吕群丹,陈正道,潘俊杰,程科军,2020.市售覆盆子药材 DNA 条形码鉴定研究[J].
    中国现代应用药学,37(4):437-442.

傅承新,沈朝栋,黄爱军,1995.浙江悬钩子属植物的综合研究——资源调查、引种及开发
    利用前景[J].浙江农业大学学报,21(4):393-397.

郭卿,付辉政,倡倡,周国平,杨毅生,钟瑞建,2014.覆盆子药材质量标准研究[J].江西中
    医药大学学报,26(3):51-54.

郭孝平,曾善荣,2019.覆盆子超微粉 HPLC 指纹图谱研究[J].南昌大学学报(理科版),43
    (4):359-364.

国家药典委员会,2015.中华人民共和国药典(一部)[M].北京:中国医药科技出版
    社,382.

何佳,周越美,赵智慧,谭春梅,张文婷,2022.不同加工方法与贮存时间对覆盆子含量测定指标的影响[J].医药导报,41(5):693-697.

何庆海,刘本同,周政德,方茹,杨少宗,2021.基于枝条和叶片表型性状的掌叶覆盆子种质资源多样性研究[J].浙江农业学报,33(9):1660-1667.

华金渭,吉庆勇,胡理滨,2022.不同地理种源掌叶覆盆子特征和优良种源筛选[J].现代园艺(3):60-62.

黄明文,陈作仁,柳丽霞,华俊锋,张小辉,唐昌贻,2022.侧枝个数对掌叶覆盆子主枝冠径和产量的影响[J].林业科技,47(6):17-20.

贾静波,李维林,吴文龙,间连飞,郭巧生,2008.悬钩子属植物的 RAPD 分析[J].植物资源与环境学报,17(3):18-22.

江景勇,洪洁,陈珍,2016.掌叶覆盆子生物学特性及花粉活力测定[J].浙江农业科学,57(1):52-54.

江景勇,金亮,汪利梅,陈珍,孙健,李小白,2023.掌叶覆盆子转录组 SSR 挖掘和分析[J/OL].分子植物育种.https://kns.cnki.net/kcms/detail/46.1068.S.20230505.0911.006.html

蒋明,李嵘嵘,管铭,李金枝,2013.悬钩子属植物 rDNAITS 序列的克隆与分析[J].中草药,43:2143-2149.

李小白,孙健,金亮,任江剑,2020.一种覆盆子多酚指纹图谱的建立方法:202010853333.4[P].2020-12-25.

李媛媛,2009.树莓种质资源遗传多样性及创新研究[D].沈阳:沈阳农业大学.

刘桂凤,丁银平,周志强,郑盈莹,任琦,2023.不同产地覆盆子药材的指纹图谱研究[J].药品评价,20(3):299-303.

刘仁道,张猛,李新贤,2008.草莓和蓝莓果实花青素提取及定量方法的比较[J].园艺学报,35(5):655-660.

潘彬荣,许立奎,阮柏苗,岳高红,张永鑫,周子辉,2011.掌叶覆盆子优株的生长习性调查及选育[J].温州农业科技(1):18-20.

钱灿,侯卓妮,李宏法,梁宗锁,童建全,2022.覆盆子果实中鞣花酸含量变化与影响因素分析[J].智慧农业导刊(4):28-30.

盛义保,张存莉,童普升,杜宝山,2001.掌叶覆盆子的开发利用研究概况[J].陕西林业科技(4):71-74.

石佳,巫明慧,康帅,张南平,马双成,2022.覆盆子的性状和显微鉴定研究与数字化表征[J].中国药学杂志,57(6):420-427.

孙健,任江剑,华金渭,沈晓霞,王志安,2021.华东地区掌叶覆盆子的表型特征和基于 ISSR 标记的遗传分析[J].中国现代中药,23(3):426-431,436.

孙乙铭,许寿增,俞春英,郎晓平,孙健,沈晓霞,王志安,2021.覆盆子成熟过程颜色表征及其与品质指标消长的相关性研究[J].中国中药杂志,46(4):1379-1385.

王小蓉,汤浩茹,邓群仙,2006.中国树莓属植物多样性及品种选育研究进展[J].园艺学报,33:190-196.

姚鑫,毛凤成,程建斌,俞晨良,喻卫武,2022.掌叶覆盆子 UPLC 分析体系的建立及青果药用成分动态分析[J/OL].分子植物育种.https://kns.cnki.net/kcms/detail/46.1068.S.20220719.1105.004.html

姚鑫,诸炜荣,黄宏亮,曾燕如,喻卫武,2021.掌叶覆盆子药用有效成分变异与优良种质筛选[J].中国中药杂志,46(3):575-581.

游晓庆,陈慧,李晓辉,于宏,朱恒,黎芳,刘俊,2019.不同种源掌叶覆盆子种子和果实表型性状及发芽率研究[J].南方林业科学,47(3):16-19.

游晓庆,刘虎,于宏,李晓辉,朱恒,王建,黎芳,2020.掌叶覆盆子优良单株的筛选[J].南方林业科学,48(3):34-37.

张春红,卫云丽,吴文龙,马兵,李维林,2015.黑莓杂交优株的 SSR 指纹图谱鉴定[J].江苏林业科技,42:1-5,19.

张丽,王小蓉,王燕,陈清,何文,2014.DNA 序列在悬钩子属植物分子系统学研究中的应用进展[J].西北植物学报,34(2):423-430.

张玲,王德群,查日维,宗镇,张珂,2012.覆盆子中山奈酚的 TLC 鉴别和 HPLC 测定[J].中国现代中药,14(2):12-14.

张晓云,付彩群,2022.基于活性成分含量测定江西德兴覆盆子采收期和种植条件研究[J].药品评价,19(18):1101-1104.

Abu Bakar MF, Ismail NA, Isha A, Mei Ling AL, 2016. Phytochemical composition and biological activities of selected wild berries (*Rubus moluccanus* L., *R. fraxinifolius* Poir., and *R. alpestris* Blume) [J]. Evid-Based Complement Alternat Med, 2016:2482930.

Alves MMM, Brito LM, Souza AC, Queiroz BCSH, de Carvalho TP, Batista JF, Oliveira JSSM, de Mendonca IL, Lira SRS, Chaves MH, Goncaalves JCR, Carneiro SMP, Arcanjo DDR, Carvalho FAA, 2017. Gallic and ellagic acids: two natural immunomodulator compounds solve infection of macrophages by *Leishmaniamajor*[J]. Naunyn-Schmiedeberg's Arch Pharmacol, 390:893-903.

Belwal T, Pandey A, Bhatt ID, Rawal RS, Luo ZS, 2019. Trends of polyphenolics and anthocyanins accumulation along ripening stages of wild edible fruits of Indian Himalayan region[J]. Sci Rep, 9:5894.

Bobinait R, Viškelis P, Venskutonis PR, 2012. Variation of total phenolics, anthocyanins, ellagic acid and radical scavenging capacity in various raspberry (*Rubus* spp.) cultivars [J]. Food Chem, 132:1495-1501.

Bushakra JM，Lewers KS，Staton ME，Zhebentyayeva T，Saski CA，2015. Developing expressed sequence tag libraries and the discovery of simple sequence repeat markers for two species of raspberry(*Rubus* L.)[J]. BMC Plant Biol,15:258.

Chen MY，Lin HT，Zhang S，Lin YF，Chen YH，Lin YX，2015. Effects of adenosine triphosphate(ATP) treatment on postharvest physiology，quality and storage behavior of longan fruit[J]. Food Bioprocess Technol,8:971-982.

Chen Y，Chen ZQ，Guo QW，Gao XD，Ma QQ，Xue ZH，Ferri N，Zhang M，Chen HX，2019. Identification of ellagitannins in the unripe fruit of *Rubus chingii* Hu and evaluation of its potential antidiabetic activity[J]. J Agric Food Chem,67,7025-7039.

Chen Y，Xu LL，Wang YJ，Chen ZQ，Zhang M，Panichayupakaranant P，Chen H X，2020. Study on the active polyphenol constituents in differently colored *Rubus chingii* Hu and the structure-activity relationship of the main ellagitannins and ellagic acid[J]. LWT-Food Sci Technol,121:108967.

Chen Z，Jiang JY，Li XB，Xie YW，Jin ZX，Wang XY，Li YL，Zhong YJ，Lin JJ，Yang WQ,2021. Bioactive compounds and fruit quality of Chinese raspberry，*Rubus chingii* Hu varied with genotype and phenological phase[J]. Sci Hortic,281:109951.

Deng B，Fang S，Shang X，Fu X，Yang, 2019. Influence of provenance and shade on biomass production and triterpenoid accumulation in *Cyclocarya paliurus* [J]. Agroforest Syst,93:483-492.

Graham J，Smith K，MacKenzie K，Jorgenson L，Hackett C，Powell W，2004. The construction of a genetic linkage map ofred raspberry(*Rubus idaeus* subsp. *idaeus*) based on AFLPs，genomic-SSR and EST-SSR markers[J]. Theor Appl Genet,109:740-749.

Graham J，Smith K，Woodhead M，Russell D,2002. Development and use of simple sequence repeat SSR markers in *Rubus* species[J]. Molecular Ecology Notes,2:250-252.

Hyun TK，Lee S，Rim Y，Kumar R，Han X，Lee SY，Lee CH，Kim JY,2014. De-novo RNA sequencing and metabolite profiling to identify genes involved in anthocyanin biosynthesis in Korean black raspberry(*Rubus coreanus* Miquel)[J]. PLoS One,9:e88292.

Jaakkola M，Korpelainen V，Hoppula K，Virtanen V,2012. Chemical composition of ripe fruits of *Rubus chamaemorus* L. grown in different habitats[J]. J Sci Food Agric,92:1324-1330.

Kostamo K，Toljamo A，Antonius K，Kokko H，Kärenlampi SO,2013. Morphological and molecular identification to secure cultivar maintenance and management of self-sterile

Rubus arcticus[J]. Ann Bot,111:713-721.

Mazur SP, Nes A, Wold AB, Remberg SF, Aaby K, 2014. Quality and chemical composition of ten red raspberry(*Rubus idaeus* L.)genotypes during three harvest seasons[J]. Food Chem,160:233-240.

Parveen Z, Deng YL, Saeed MK, Dai RJ, Ahamard W, Yu YH,2007. Antiinflammatory and analgesic activities of *Thesium chinense* Turcz extracts and its major flavonoids, kaempferol and kaempferol-3-*O*-glucoside[J]. Yakugaku Zasshi,127:1275-1279.

Pesole G, Mignone F, Gissi C, Grillo G, Licciulli F, Liuni S, 2001. Structural and functional features of eukaryotic mRNA untranslated regions[J]. Gene,276(1-2): 73-81.

Ponder A, Hallmann E,2019. The effects of organic and conventional farm management and harvest time on the polyphenol content in different raspberry cultivars[J]. Food Chem,301:125295.

Wang Y, Chen Q, Chen T, Tang HR, Liu L, Wang XR,2016. Phylogenetic insights into Chinese *Rubus*(Rosaceae) from multiple chloroplast and nuclear DNAs[J]. Front Plant Sci,7:968.

Wang Y, Tang CY, Zhang H,2015. Hepatoprotective effects of kaempferol 3-*O*-rutinoside and kaempferol 3-*O*-glucoside from *Carthamus tinctorius* L. on CCl4-induced oxidative liver injury in mice[J]. J Food Drug Anal,23:310-317.

Zhong RJ, Guo Q, Zhou GP, Fu HZ, Wan KH,2015. Three new labdane-type diterpene glycosides from fruits of *Rubus chingii* and their cytotoxic activities against five humor cell lines[J]. Fitoterapia,102:23-26.

Zou XY, Niu WQ, Liu JJ, Li Y, Liang BH, Guo LL, Guan YH,2017. Effects of residual mulch film on the growth and fruit quality of tomato(*Lycopersicon esculentum* Mill.) [J]. Water Air Soil Pollut,228:71.

第3章　掌叶覆盆子果实发育与成熟机制

掌叶覆盆子是优质的药食同源特色植物,Re 果实富含维生素 C、维生素 PP、矿物元素、类胡萝卜素等,未成熟果实富含多糖、萜类、酚酸和黄酮醇及其衍生物,具护肝、消炎、抗氧化、护心血管和抗癌等多重功效(Sheng et al.,2020)。近年来掌叶覆盆子化学成分和药理研究取得了一定进展,但基本是以药用干果为材料,生物学研究和田间试验尚处起步阶段。目前掌叶覆盆子的田间选育仍主要以果实形态、大小及口感等指标为依据,药果检测周期长且方法复杂,导致种植户一味追求果实最大化而忽视产品质量,因此亟须深入挖掘覆盆子有效成分的合成机制,开发相关标记基因,实现分子标记辅助育种和品质早期监测。然而,关于决定掌叶覆盆子果实品质的关键成分的动态变化与合成机制的研究甚少,严重制约了品质提升与产业发展。决定果实品质的主要化合物的生物合成由基因遗传调控,易受基因型、温度、光照、肥料和其他田间管理措施的影响(McDougall et al.,2011;Jaakkola et al.,2012;Ponder et al.,2019)。因此,亟须阐明掌叶覆盆子果实发育的生理与分子机制,揭示药用和营养成分的积累规律,从而加快现代育种进程。花芽分化是果树坐果的前提,决定花器官的形成,花朵质量、数量和果实产量。我们联合使用解剖学、转录组、蛋白质组和代谢组分析技术,系统解析了花芽与果实发育过程中外部和内部构造变化、果实颜色变化及决定呈色的主要化合物、果实发育各主要阶段差异表达基因与差异蛋白及代谢物累计规律,可为药材鉴别与质量控制、功能基因分离鉴定和现代育种提供科学依据。

3.1　掌叶覆盆子花和果实发育过程物候观察和形态解剖

3.1.1　开花物候期

每年 3—4 月,掌叶覆盆子抽出新生枝;8—9 月枝干长高,叶腋处孕育新芽;

10—12月为花芽形态分化期;此后植株休眠越冬。第二年春季,2月底3月初,混合芽萌动展叶,3~7d后现蕾,花梗逐渐伸长,1~2周后花准备开放。自花萼裂开、花瓣露出到花盛开仅1周左右,花盛开到花瓣脱落3~4d。单株不同花朵开放时间有早晚,初花期5%~10%的花开,终花期最后5%~10%的花开,整个花期可持续20d左右(图3-1)。晚花品种花期持续13~15d。

图 3-1　掌叶覆盆子花发育过程

3.1.2　花芽发育

从外部形态上看,8—9月新生枝叶腋处出现混合芽,通体绿色;10月芽鳞转为暗红色,芽体逐渐变大饱满;11月开始花芽外观变化不明显;12月之后植株进入休眠期,至翌年2月底,随着气温回升,芽鳞逐渐打开,进入萌芽展叶期。从内部形态上看,掌叶覆盆子花芽分化过程可分为5个时期,包括形态分化前期、萼片原基分化期、花瓣分化期、雄蕊原基分化期和雌蕊原基分化期。8月中旬至9月,混合芽顶端分生组织细胞开始活动,生长锥逐渐突起,此为分化前期;10月生长锥继续生长,萼片原基发育成花萼;10月中旬,生长锥周围和萼片原基内侧细胞活动开始活跃,发育成花瓣原基,中间形成花托;11月,花托边缘先后发育形成雄蕊原基和雌蕊原基(闫翠香等,2019)。光照、温度和降雨均会影响花芽的孕育和开花结果,进而影响产量(吴叶青等,2020)。

3.1.3　果实发育

掌叶覆盆子的果实为聚合核果,每朵花雌蕊由100枚以上的离生心皮构成,每个离生心皮将发育成一枚小核果。整个果实发育成熟需50d左右。花谢后花丝逐渐从白色变短变褐。对于大部分株系,3月中旬盛花,花谢1周后花丝仍呈白色,包住雌蕊,花药基本与花托齐平;花谢2周后花托和核果发育,花丝仅为果实一半长;3周后花丝褐化退至花托基部(图3-2)。整个果实发育过程可分为8个阶

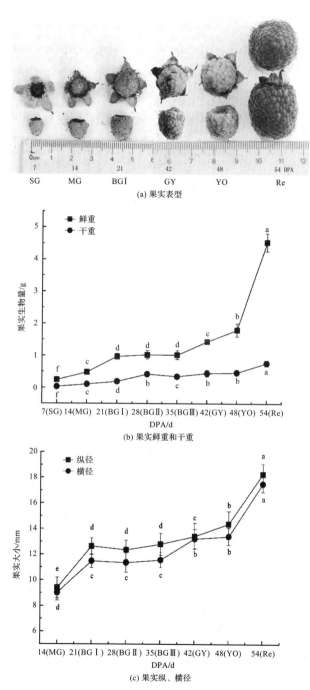

(a) 果实表型

(b) 果实鲜重和干重

(c) 果实纵、横径

图 3-2 掌叶覆盆子果实发育过程(Chen et al., 2021)

注:图中不同字母表示该指标在果实不同发育阶段存在显著性差异($p<0.05$),下同。

段,分别为小绿 SG(small green,SG)、中绿(medium green,MG)、大绿Ⅰ(big green Ⅰ,BGⅠ)、大绿Ⅱ(big green Ⅱ,BGⅡ)、大绿Ⅲ(big green Ⅲ,BGⅢ)、青转黄(green-to-yellow,GY)、黄转橙(yellow-to-orange,YO)和红果(red,Re)(Chen et al.,2021)。以中熟品种 L7 为例,这些阶段分别对应 7、14、21、28、35、42、48 和 54 DPA(day-post-anthesis,开花后天数),大绿阶段持续 2 周,从表型上判断未见明显变化(图 3-2a)。测定果实干重和鲜重,果实发育呈"快-慢-快"的双"S"形曲线(图3-2b)。自座果到花后 21d,为果实发育前期,果实主要进行膨大生长;21~42 DPA 为发育中期,果实缓慢生长,但可能进行内部成分的积累和转化;从果实出现青转黄,到黄转橙一般只需 5~7d,再到成熟红果也只需 5~7d,此时果实迅速膨大,为果实发育后期(图 3-3)。

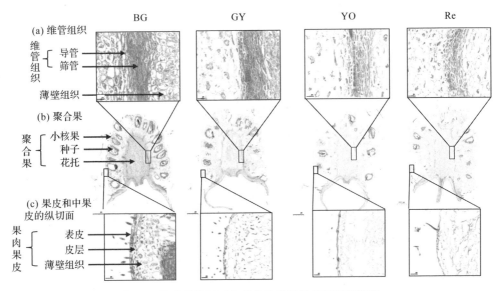

图 3-3　掌叶覆盆子四个成熟阶段切片(彩图见附录)

从内部结构上看,花展开时已可见胚珠体积明显增大,外果皮 1 列细胞,含橙色物质;中果皮 4~5 列细胞;内果皮深墨绿色,较平滑。此后,中果皮细胞开始膨大,成熟时 5~11 列细胞,体积增大 2~4 倍;外果皮保持 1 列细胞,内含物颜色逐渐加深,成熟时为红色;内果皮较厚,含 20 余列纤维(张珂等,2011;石佳等,2022)。核果发育后期内果皮和种子快速发育,果实成熟的同时种子和胚也发育成熟(图 3-3)。

3.2　掌叶覆盆子果实发育过程中主要药用成分含量变化

自盛花期开始每隔 1 周采集掌叶覆盆子各个株系果实,包括小绿、中绿、大绿Ⅰ、大绿Ⅱ、大绿Ⅲ、青转黄、黄转橙和红果,每个株系采 5～6 个植株,重复 3 份。统计生物量后烘干保存。总萜(TT)的测定采用香草醛-冰醋酸显色法,以 0.08～0.40mg/mL 齐墩果酸溶液制作标准曲线(余丽焓等,2017)。总酚含量的测定采用福林酚法,以 0～0.08mg/mL 没食子酸溶液制作标准曲线(Gutierrez et al.,2017)。鞣花酸含量的测定按照《中国药典》(2015 版)所述方法进行,以 0,0.15625,0.3125,0.625,1.25,2.5 和 5.5μg/mL 鞣花酸标准溶液制作标准曲线,得 $y=89214x+3605.8$,$R^2=0.9984$。山奈酚-3-O-芸香糖苷含量的测定采用《中国药典》(2015 版)所述方法,以 0,2.5,5,10,20,40 和 80μg/mL 山奈酚-3-O-芸香糖苷标准溶液制作标准曲线,得 $y=34288x+18448$,$R^2=0.9998$。最后计算总萜、总酚、鞣花酸和山奈酚-3-O-芸香糖苷含量百分比及其在单个果实中的含量。

3.2.1　总酚和总萜含量变化

掌叶覆盆子果实总酚和总萜百分含量随果实成熟而逐渐下降,总萜在红果阶段又逐渐增加。果实的干重和鲜重随果实发育逐渐增加。单果总酚累积量先增加,在 BGⅡ 达到最大,后逐渐下降;单果总萜累积量在发育过程中保持在一定水平,且在红果阶段迅速增加(表 3-1)。

表 3-1　掌叶覆盆子果实总酚和总萜含量变化(L7)

发育阶段 (DPA)	单果干重 /g	总萜含量 /%	总酚含量 /%	单果总萜 累积量/mg	单果总酚 累积量/mg
MG(14d)	0.109±0.015e	—	—	—	—
BGⅠ(21d)	0.194±0.011d	5.55±0.15a	2.91±0.20a	10.79±0.28c	5.66±0.38d
BGⅡ(28d)	0.423±0.048b	4.24±0.16b	2.35±0.17b	17.97±0.66b	9.95±0.73a
BGⅢ(35d)	0.349±0.030c	3.37±0.12c	2.05±0.05c	11.74±0.41c	7.15±0.18b
GY(42d)	0.450±0.097b	3.11±0.01cd	1.22±0.02d	13.97±0.04c	5.51±0.08d
YO(48d)	0.469±0.088b	2.86±0.12d	1.38±0.01d	13.58±0.58c	6.47±0.06c
Re(54d)	0.766±0.090a	4.61±0.54b	0.51±0.01e	35.36±4.16a	3.89±0.06e

注:不同小写字母表示该指标在不同发育阶段间差异显著(p<0.05),下同。

3.2.2 鞣花酸和山奈酚-3-O-芸香糖苷含量变化

果实发育过程中主要药用成分含量变化的测定结果见表 3-2。L3、L6、L7 和 L8 株系果实中鞣花酸和山奈酚-3-O-芸香糖苷百分含量均随着果实的发育而逐渐下降。但是不同株系单个干果的累计量有所差异，L3 果实的鞣花酸含量逐渐增加，至大绿阶段达到最大，后略有下降；L7 果实的鞣花酸在大绿前两个阶段大量积累，后期显著下降，至青转黄到红果阶段保持相对稳定水平；L6 和 L8 果实的单果鞣花酸含量在果实发育前期达到最大，后迅速下降，青转黄和红果阶段含量相近。单果山奈酚-3-O-芸香糖苷的含量变化相对平缓，除了 L7 在大绿Ⅱ和大绿Ⅲ阶段急剧增加外，其余株系山奈酚-3-O-芸香糖苷的单果累积量保持在相对稳定水平。鞣花酸与花青素均为酚类物质，酚类物质可能在果实发育后期被氧化，并转向花青素的合成（Fait et al.，2008；Belwal et al.，2019；Chen et al.，2020）。椭圆悬钩子（*Rubus. ellipticus*）果实酚类化合物浓度在未成熟的第 1 和第 2 阶段达到最大，然后随着果实发育显著下降，在其他可食果实中也有相同趋势，如圆叶火棘（*Pyracantha crenulata*）、桑葚（*Morus alba*）、毛杨梅（*Myrica esculenta*）等（Belwal et al.，2019）。

表 3-2 掌叶覆盆子果实发育过程中鞣花酸和山奈酚-3-O-芸香糖苷含量变化

株系	发育阶段	鲜重/g	干重/g	鞣花酸百分含量/%	单果鞣花酸累积量/mg	山奈酚-3-O-芸香糖苷百分含量/%	单果山奈酚-3-O-芸香糖苷累积量/mg
L3	SG	0.2482±0.0371f	0.0279±0.0067f	0.3258±0.0122a	0.0908		
	MG	0.3936±0.0306e	0.0787±0.0088e	0.1673±0.0115b	0.1317	0.01158±0.00115a	0.00911
	BGⅠ	0.9216±0.0804d	0.2277±0.0251d	0.1304±0.0146c	0.2970	0.01127±0.00054a	0.02566
	BGⅡ	0.9515±0.1081d	0.2425±0.0157d	0.1620±0.0019b	0.3929	0.01053±0.00009a	0.02555
	BGⅢ	1.1177±0.1598c	0.3073±0.0285c	0.1341±0.0021c	0.4121	0.01077±0.00094ab	0.03311
	GY	0.9766±0.0918d	0.3156±0.0384c	0.0750±0.0025d	0.2368	0.00866±0.00077b	0.02735
	YO	1.5690±0.0759b	0.3396±0.0354c	0.0543±0.0013e	0.1844	0.00582±0.00061c	0.01976
	Re	3.7565±0.1172a	0.5998±0.0679a	0.0333±0.0026f	0.1997	0.00432±0.00056c	0.02590
L6	SG	0.2121±0.0250g	0.0386±0.0013f	—	—	0.03657±0.00292a	0.01413
	MG	0.3620±0.0367f	0.0501±0.0084e	—	—	0.02892±0.00172b	0.01450
	BGⅠ	0.6460±0.0560e	0.0994±0.0130d	0.8678±0.0774a	0.8626	0.02756±0.00098b	0.02739
	BGⅡ	0.8588±0.0821d	0.1967±0.0145c	0.3130±0.0220b	0.6155	0.01933±0.00119c	0.03802
	BGⅢ	0.8863±0.1063d	0.2180±0.0322c	0.1435±0.0090c	0.3127	0.01899±0.00052c	0.04139
	GY	0.9639±0.1428c	0.3003±0.0265b	0.0701±0.0014d	0.2105	0.01478±0.00147d	0.04440
	YO	1.2819±0.0962b	0.3175±0.0585b	0.0486±0.0025e	0.1542	0.00688±0.00118e	0.02184
	Re	4.2633±0.1548a	0.7525±0.0618a	0.0400±0.0034e	0.3012	0.00264±0.00025f	0.01990

续表

株系	发育阶段	鲜重/g	干重/g	鞣花酸百分含量/%	单果鞣花酸累积量/mg	山柰酚-3-O-芸香糖苷百分含量/%	单果山柰酚-3-O-芸香糖苷累积量/mg
L7	SG	0.2454±0.0378f	0.0316±0.0022f	—	—	—	—
	MG	0.4813±0.0523e	0.1087±0.0146e	0.4865±0.0036b	0.5286	0.03976±0.00223a	0.04321
	BG I	0.9679±0.0941d	0.1944±0.0110d	0.5362±0.0267a	1.0423	0.01733±0.00274d	0.03368
	BG II	1.0201±0.1286d	0.3487±0.0297c	0.2823±0.0159c	0.9845	0.02581±0.00283b	0.09001
	BG III	1.0157±0.1356d	0.4234±0.0484b	0.1391±0.0033d	0.5888	0.02092±0.00198c	0.08857
	GY	1.4336±0.0787c	0.4498±0.0972b	0.0751±0.0024e	0.3376	0.00962±0.00016c	0.04326
	YO	1.7980±0.2027b	0.4689±0.0875b	0.0674±0.0011e	0.3159	0.00786±0.00021e	0.03684
	Re	4.5361±0.2846a	0.7663±0.0900a	0.0565±0.0024e	0.4326	0.00315±0.00006f	0.02417
L8	SG	0.3903±0.0396f	0.0582±0.0034f	—	—	—	—
	MG	0.9015±0.0887e	0.1618±0.0171e	0.7261±0.0560a	1.1748	0.01429±0.00156a	0.02312
	BG I	1.2017±0.0870d	0.3178±0.0404d	0.3017±0.0299b	0.9587	0.01190±0.00179b	0.03783
	BG II	1.3954±0.0655c	0.3764±0.0165c	0.1623±0.0107c	0.6110	0.00809±0.00081c	0.03043
	BG III	1.4939±0.1145c	0.4462±0.0333b	0.1112±0.0059d	0.4963	0.00820±0.00021c	0.03658
	GY	1.6218±0.0941c	0.4902±0.0723b	0.0999±0.0039de	0.4896	0.00940±0.00020c	0.04610
	YO	2.2477±0.1870b	0.5407±0.0562b	0.0641±0.0068e	0.3467	0.00320±0.00100d	0.01729
	Re	5.6874±0.3229a	0.9203±0.0720a	0.0601±0.0035e	0.5531	0.00102±0.00010e	0.00936

注：$p < 0.05$。

　　综合果实的质量和药用成分含量，我们推荐将药果的采收期延长至大绿到青转黄阶段。

3.3　掌叶覆盆子果实成熟过程中类胡萝卜素和酚类成分的动态变化

　　2019 年 5 月，我们从浙江临海掌叶覆盆子种植基地，采集了不同成熟阶段的果实，即大绿、青转黄、黄转橙和红果阶段，每份 10 个，从 5~6 个植株上随机采摘，每个阶段 3 个重复，在液氮环境下研磨成粉末。测定叶绿素、类胡萝卜素（carotenoid）、总花青素（anthocyanidin）、总黄酮和总酚（TPC）含量；利用 ABTS（自由基清除活性）和 FRAP（总抗氧化能力）法检测抗氧化能力；同时利用液相色谱和串联质谱联用（LC-MS/MS）方法分析类胡萝卜素、花青素和类黄酮的组成（Li et al.，2021a）。

3.3.1 掌叶覆盆子果实着色与类胡萝卜素和花青素含量变化

果实成熟期间颜色从绿色到青转黄,再到黄转橙,最后变成红色,在此过程中,总花青素含量相对减少,而类胡萝卜素含量逐渐增加(图3-4)。这个现象在番茄和枇杷中也有发现(Fraser et al.,1994;Rodrigo et al.,2004;Zhang et al.,2016)。可见掌叶覆盆子成熟果实的微红色可能与类胡萝卜素有关,而不是与花青素有关。

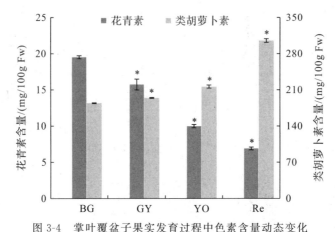

图3-4 掌叶覆盆子果实发育过程中色素含量动态变化

注:" * "表示不同发育阶段物质含量或活性与 BG 阶段相比差异显著($p<0.05$)

3.3.2 掌叶覆盆子果实花青素成分分析

掌叶覆盆子果实的花色苷除单体花色苷外,还有双核花色苷。研究发现,这种双核花色苷是由糖苷和共价连接到另一个类黄酮单位的聚合花青素组成(Li et al.,2021a, b)。掌叶覆盆子花色苷包括矢车菊素-3-(6″肉桂酰)葡萄糖苷[cyanidin-3-(6″-cinnamoyl)glucoside]($C_{30}H_{27}O_{12}$)、阿福豆素(4α→8)天竺葵素 3-O-槐糖苷[afzelechin(4α→8)pelargonidin 3-O-sophoroside]($C_{42}H_{43}O_{20}$)、阿福豆素(4α→8)天竺葵素 3-O-吡喃葡萄糖苷[afzelechin(4α→8)pelargonidin 3-O-β-D-glucopyranoside]($C_{36}H_{33}O_{15}$)(图 3-5)、儿茶素(4α→8)天竺葵素 3-O-吡喃葡萄糖苷[catechin(4α→8)pelargonidin 3-O-β-D-glucopyranoside]($C_{36}H_{33}O_{16}$)、阿福豆素(4α→8)天竺葵素 3,5-双葡萄糖苷[afzelechin(4α→8)pelargonidin 3,5-O-diglucoside]($C_{42}H_{43}O_{20}$)和天竺葵素 3-O-葡萄糖苷(pelargonidin 3-O-glucoside)

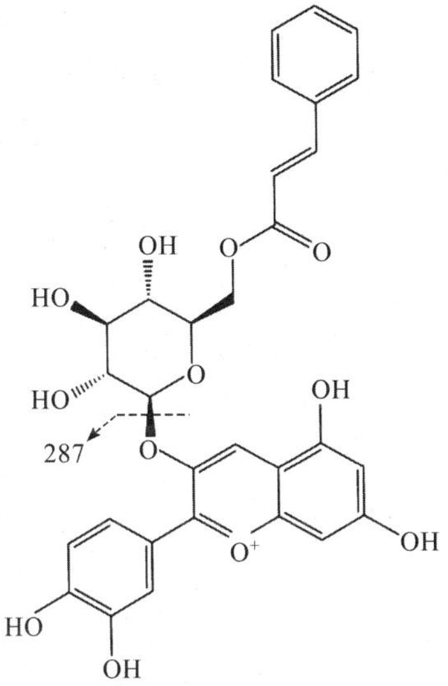

化学式：$C_{30}H_{27}O_{12}^+$

准确质量：579.1497

矢车菊素-3-(6''肉桂酰)葡萄糖苷

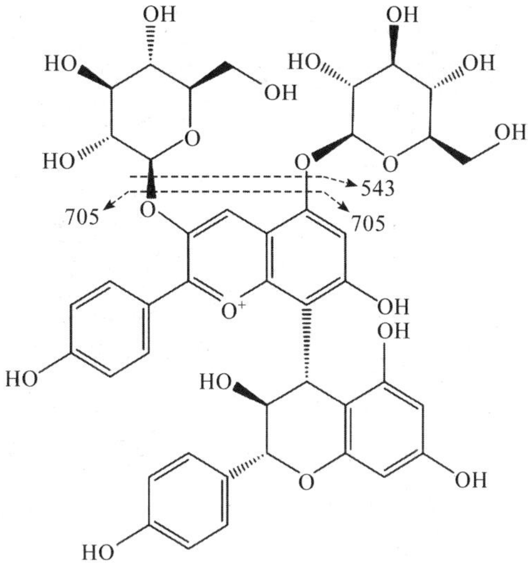

化学式：$C_{42}H_{43}O_{20}^+$

准确质量：867.2342

阿福豆素(4α→8)天竺葵素3-O-槐糖苷

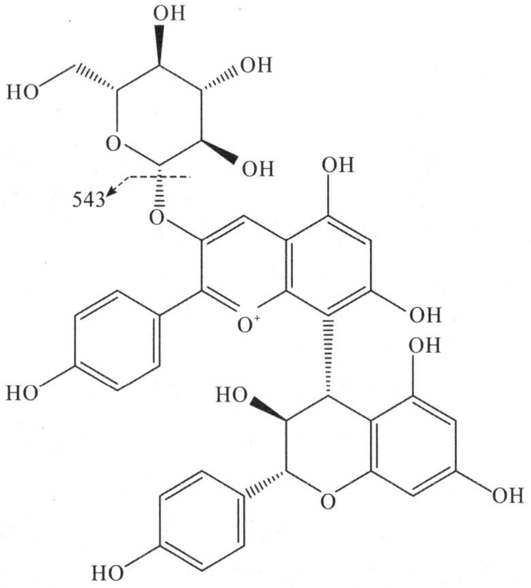

化学式：$C_{36}H_{33}O_{15}^+$

准确质量：705.1814

阿福豆素(4α→8)天竺葵素3-O-吡喃葡萄糖苷

图 3-5　掌叶覆盆子果实中的部分花色苷结构

（$C_{21}H_{20}O_{10}$）。这些化合物含量在掌叶覆盆子果实成熟过程中也持续下降。这类多聚花色苷在悬钩子属植物中尚未见报道，其中天竺葵苷（pelargonidin）是花青素苷元的主要类型，而黄烷醇-花色苷（Flavanol-anthocyanin）占 4 种，黄烷醇-花色苷由花色苷和黄烷醇（Flavanol）之间的自发缩合反应产生，通常只在植物性食品的储存和加工过程中发现（Remy-Tanneau et al.，2003）。这种类型的花色苷（呈现紫色）仅在少数植物的相关研究中有报道。例如，研究人员在草莓中发现了 5-羟基吡喃花色苷/天竺葵素葡萄糖苷（5-carboxypyrano-cyanidin/pelargonidin glycosides）（Fossen et al.，2004）；在草莓、红花菜豆和紫玉米中发现了与（表）儿茶素［（epi）catechin］或（表）阿福豆素［（epi）afzelechin］部分相关的花青素（Fossen et al.，2004；González-Paramás et al.，2006）。草莓黄烷醇-花青素苷元的主要类型为天竺葵苷，红花菜豆和紫玉米的花青素苷元主要类型为矢车菊素。在红树莓中，以矢车菊素-3-葡萄糖苷（cyanidin-3-glucoside）和矢车菊素-3-葡糖苷芸香糖苷（cyanidin-3-glucosyl rutinoside）含量最高，其次是矢车菊素-3-芸香糖苷（cyanidin-3-rutinoside）和矢车菊素-3-槐糖苷（cyanidin-3-sophoroside）（Wang et al.，2009）。同样，在黑树莓中，花色苷含量随着果实的成熟而增加，主要是矢车菊素-3-O-芸香糖苷（cyanidin-3-O-rutinoside），其次是矢车菊素-3-木糖基芸香糖苷（cyanidin-3-xylosyl rutinoside）和矢车菊素-3-桑布双糖苷（cyanidin-3-sambubioside）（Hyun et al.，2014）。插田泡的花色苷主要是矢车菊素-3-葡萄糖苷、矢车菊素-3-芸香糖苷和天竺葵素-3-葡萄糖苷（Chen et al.，2018）。显然掌叶覆盆子果实具有独特的花色苷特征，与其他已知悬钩子属植物有很大差异。

3.3.3 掌叶覆盆子果实类胡萝卜素成分分析

在掌叶覆盆子中发现的类胡萝卜素主要有 3 种脱辅基类胡萝卜素（apocarotenoid）——β-橙色素（β-citraurin，$C_{30}H_{40}O_2$）、β-橙色素月桂酸酯（β-citraurin laurate，$C_{42}H_{62}O_3$）、β-橙色素豆蔻酸酯（β-citraurin myristate，$C_{44}H_{66}O_3$），以及两种叶黄素——玉米黄质（zeaxanthin，$C_{40}H_{56}O_2$）和叶黄素（lutein，$C_{40}H_{56}O_2$）（Li et al.，2021a，b）。随着果实的成熟，β-橙色素及其酯类化合物和玉米黄质逐渐积累，而叶黄素逐渐减少（表 3-3）。事实上，玉米黄质是脱辅基类胡萝卜素的前体。这些在掌叶覆盆子中发现的 β-橙色素酯，在其他悬钩子植物的相关研究中尚未见报道。β-橙色素是一种 C30-脱辅基类胡萝卜素，于 1965 年在西西里橙子中被首次发现。然而，β-橙色素的积累并不常见，只在一些柑橘品种的外皮中观察到其在果实成熟时积累（Ma et al.，2013）。β-橙色素的积累是柑橘类果皮呈红色的原因之一（Yuan et al.，2015）。而我们的研究结果证实了掌叶覆盆子果实中也存在

表 3-3　掌叶覆盆子果实成熟过程中类胡萝卜素、花青素苷、鞣花单宁、羟基苯甲酸衍生物和黄酮醇含量的动态变化

化合物种类	峰序号	化合物名称	大绿/(μg/g)	青转黄/(μg/g)	黄转橙/(μg/g)	红果/(μg/g)
类胡萝卜素	1	β-橙色素	42±2	72±3*	226±10*	489±20
	2	叶黄素	1450±60	1022±50*	239±10*	111±4
	3	玉米黄质	375±20	971±50*	1136±50*	1172±40
	4	β-橙色素月桂酸酯	0±0	307±10*	2961±100*	10543±400
	7	β-橙色素豆蔻酸酯	405±20	234±10*	556±20*	1494±50
花青素苷	8	矢车菊素-3-(6″肉桂酰)葡萄糖苷	18.8±0.7	12.0±0.5*	11.6±0.4*	9.7±0.4
	9	阿福豆素(4α→8)天竺葵素 3,5-O-双糖苷	17.6±0.6	12.0±0.5*	11.6±0.5*	10.0±0.4
	10	儿茶素(4α→8)天竺葵素 3-O-β-D-吡喃葡萄糖苷	53±2	44±1*	31±1*	16.5±0.8
	11	阿福豆素(4α→8)天竺葵素 3-O-槐糖苷	123±4	66±2*	59±3*	21±1
	12	阿福豆素(4α→8)天竺葵素 3-O-β-D-吡喃葡萄糖苷	73±3	57±2*	40±2*	19.6±0.9
	13	天竺葵素 3-O-葡萄糖苷	66±2	45±2*	41±2*	23±1
鞣花丹宁	14	methyl(S)-flavogallonate	482±20	279±20*	125±5*	95±4
	15	casuarictin(galloyl-bis-HHDP-glucose)	803±40	490±30*	222±10*	151±6
羟基苯甲酸衍生物和黄酮醇	16	鞣花酸戊糖苷	25.4±0.9	14.6±0.5*	3.4±0.1*	4.0±0.1
	17	Rourinoside	2.33±0.08	1.34±0.04*	0.49±0.02*	0.32±0.01
	18	鞣花酸	50±2	30±1*	14.0±0.8*	9.7±0.5
	19	芦丁(槲皮素-3-O-芸香糖苷)	4.7±0.3	2.7±0.1*	1.21±0.06*	0.93±0.05
	20	异槲皮苷(槲皮素-3-葡萄糖苷)	5.8±0.3	3.4±0.2*	1.51±0.07*	1.16±0.06
	21	山奈酚-3-O-芸香糖苷异构体	26.3±0.8	15.2±0.8*	6.8±0.3*	3.1±0.1
	22	山奈酚-3-O-葡萄糖苷异构体	13.3±0.5	7.0±0.3*	3.2±0.1*	2.11±0.08
	23	烟花苷(山奈酚-3-O-芸香糖苷)	61±3	31±2*	13.5±0.8*	9.7±0.4
	24	紫云英苷(山奈酚-3-葡萄糖苷)	31±2	18±1*	8.2±0.4*	6.3±0.3
	25	椴树苷(山奈酚-3-P-香豆酰吡喃葡萄糖苷)	17±1	10.4±0.6*	4.7±0.2*	3.2±0.2

注：* 表示各阶段与大绿阶段相比，T 检验差异显著（$p < 0.05$）

这一现象。掌叶覆盆子果实成熟过程中,伴随着叶黄素的降解,大量脱辅基类胡萝卜素产生。悬钩属植物类胡萝卜素成分多样,在黄色和红色的树莓中,成熟果实含有大量的游离叶黄素、酯化叶黄素(饱和脂肪酸)和脱辅基类胡萝卜素(α-紫罗兰酮和 β-紫罗兰酮),而玉米黄质、植物烯(phytoene)、β-胡萝卜素和 α-胡萝卜素含量较少(Beekwilder et al.,2008;Carvalho et al.,2013)。另一项关于树莓的研究表明,随着果实的成熟,胡萝卜素(叶黄素、α-胡萝卜素和 β-胡萝卜素)减少,而脱辅基类胡萝卜素(α-紫罗兰酮和 β-紫罗兰酮)增加(Beekwilder et al.,2008)。在野生悬钩子属植物 R. palmatus 中,β-隐黄质在果实成熟过程中积累(Mizuno et al.,2017)。总之,我们的研究结果表明掌叶覆盆子的类胡萝卜素和花色苷组成与其他已知悬钩子属植物有较大差异,β-橙色素及其酯类化合物是掌叶覆盆子的特异性产物;果实呈红色可能正是由 β-橙色素及其酯类化合物引起的。

3.3.4 掌叶覆盆子果实鞣花丹宁和黄酮类化合物的动态变化

我们参考相关研究(Li et al.,2021a),采用 LC-MS/MS 方法鉴定了鞣花单宁和其他黄酮类化合物。根据化合物的结构特性,使用两个特征波长来检测化合物,即鞣花单宁为 280nm,羟基苯甲酸和黄酮类化合物为 360nm。在 280nm 处检测到的两种主要化合物属于鞣花单宁家族。鞣花单宁是可水解的单宁,由六羟基联苯酸和多元醇(如葡萄糖)酯化。在鞣花单宁中,casuarictin(galloyl-bis-HHDP-glucose,$C_{41}H_{28}O_{26}$)含量占主导地位,其次是 methyl(S)-flavogallonate($C_{22}H_{12}O_{13}$)(图 3-6)。两者含量均随果实成熟而逐渐下降(表 3-3)。在羟基苯甲酸和黄酮类化合物中,山奈酚-3-O-芸香糖苷含量最多,其次是鞣花酸和山奈酚-3-O-葡萄糖苷,而 rourinoside($C_{27}H_{38}O_{13}$)、芦丁(rutin;quercetin-3-O-rutinoside,$C_{27}H_{30}O_{16}$)和异槲皮苷(isoquercitrin,quercetin-3-glucoside,$C_{21}H_{20}O_{12}$)含量最少;这些化合物含量都呈现随果实成熟而减少的趋势(图 3-6,表 3-3)。

植物鞣花酸以游离化合物、糖基化和酰化形式存在,或经葡萄糖酯化成鞣花单宁衍生物。在树莓中,游离鞣花酸仅占全部鞣花酸的一小部分(Määttä-Riihinen et al.,2004)。在红树莓中,最丰富的鞣花单宁是 sanguiin H-6、sanguiin H-10 异构体和 lambertianin C,而 sanguiin H-2 和(galloyl-bis-HHDP-glucose)2-gallate 含量较少(Bobinaite et al.,2012;Kool et al.,2010)。sanguiin H-2 和(galloyl-bis-HHDP-glucose)2-gallate 可能是天然存在的,也可能是热提取过程中由 lambertianin C 降解而来(Kool et al.,2010)。在黑树莓中,也存在 sanguiin H-6 及其衍生物、lambertianin C/D、鞣花酸及其衍生物等(Kaume et al.,2012;Vrhovsek et

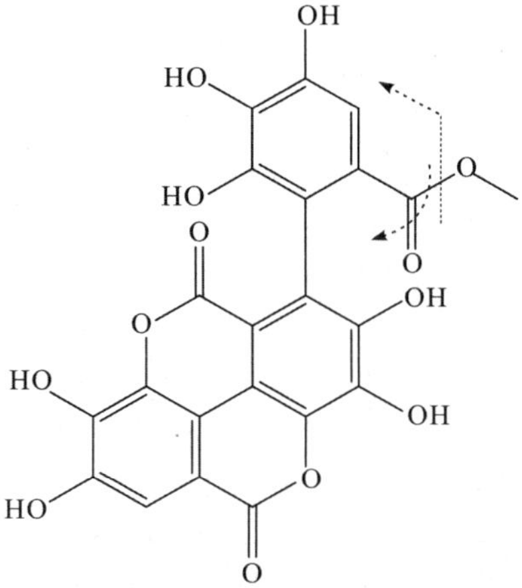

化学式: $C_{22}H_{12}O_{13}$
准确质量: 484.0278

methyl (S)-flavogallonate

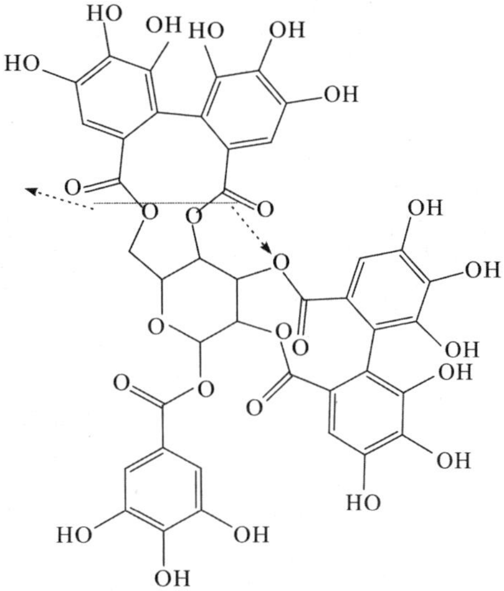

化学式: $C_{41}H_{28}O_{26}$
准确质量: 936.0869

casuarictin (galloyl-bis-HHDP-glucose)

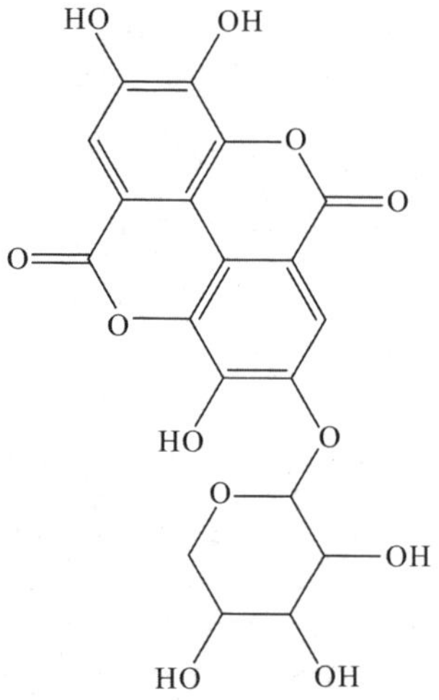

化学式: $C_{19}H_{14}O_{12}$
准确质量: 434.0485

鞣花酸戊糖苷

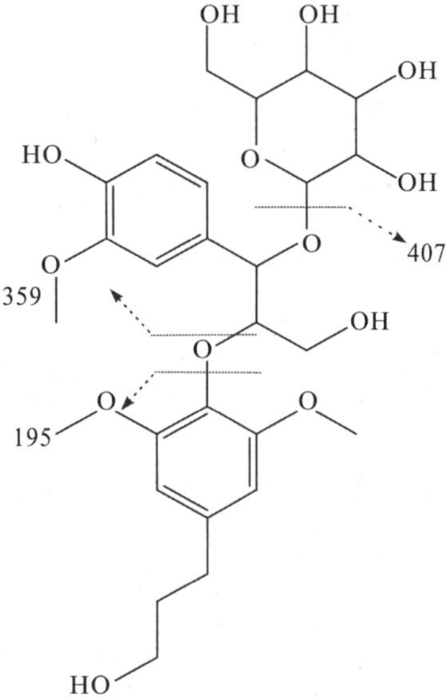

化学式: $C_{27}H_{38}O_{13}$
准确质量: 570.2312

rourinoside

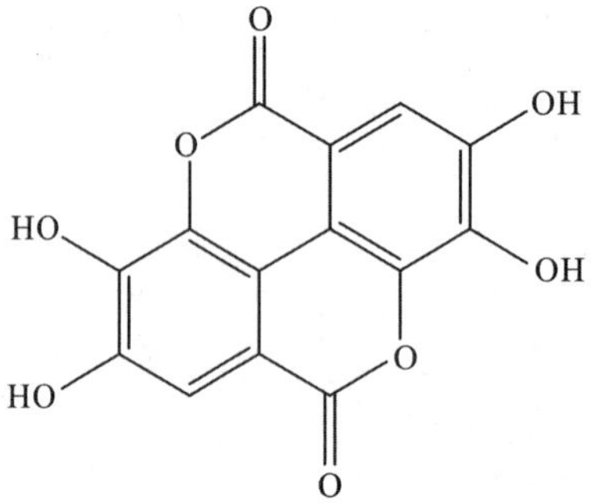

化学式: $C_{14}H_6O_8$
准确质量: 302.0063
鞣花酸

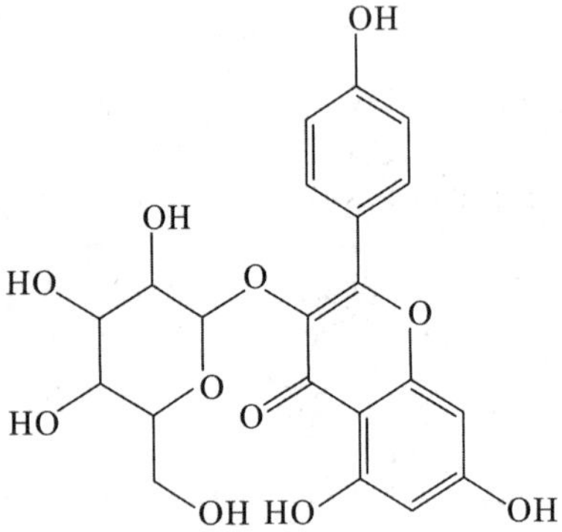

化学式: $C_{21}H_{20}O_{11}$
准确质量: 448.1006
山柰酚-3-葡萄糖苷异构体

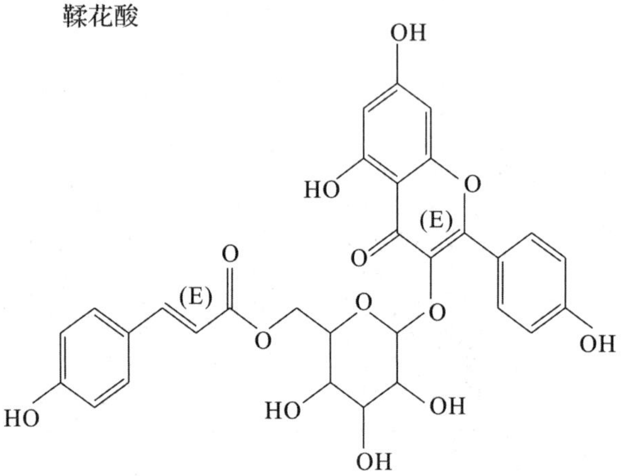

化学式: $C_{30}H_{26}O_{13}$
准确质量: 594.1373
椴树苷

图 3-6　掌叶覆盆子果实中的鞣花丹宁和部分黄酮类化合物

al.,2006)。这些鞣花单宁可以用酸或碱水解以释放六羟基联苯二甲酰基（HHDP）单元,其自发环化为鞣花酸(Vrhovsek et al. 2006)。酸水解后释放的鞣花酸是悬钩子果实中重要的酚类化合物之一,约占总酚类物质的80%。在掌叶覆盆子中,鞣花单宁含量远高于其他酚类物质,起着主要的抗氧化作用。主要的鞣花单宁(lambertianin A、sanguiin H-6 和 casuarictin)和鞣花酸,存在于未成熟的果实中(Chen et al.,2020)。本研究中 methyl(S)-flavogallonate 为首次在掌叶覆盆子中发现,含量仅次于 casuarictin。这些鞣花单宁的含量都随着果实成熟而减少,

92

这与在其他悬钩子属植物中的变化趋势一致（Kaume et al.，2012；Wang et al.，2009）。鞣花单宁因其高抗氧化能力而具有重要的保健价值，如抗糖化活性（Chen et al.，2020）、保护肺和食管（Kresty et al.，2001），可作为对抗前列腺癌的药物（Seeram et al.，2007）。此外，鞣花单宁始终与涩味相关（Hofmann et al.，2006）。掌叶覆盆子青果中鞣花单宁含量高也是其在中药中有重要应用的原因，而熟果中鞣花单宁含量低，其涩味远少于青果。

掌叶覆盆子含有多种槲皮素和山柰酚衍生物（表 3-3），这些成分的含量在果实成熟过程中也会下降，这与红树莓的相关报道一致（Wang et al.，2009）。其中，山柰酚-3-O-芸香糖苷占主导地位，其次是山柰酚-3-葡萄糖苷紫云英苷/黄芪苷、鞣花酸和山柰酚-3-P-香豆酰吡喃葡萄糖苷（即椴树苷）。鞣花酸和紫云英苷/黄芪苷在红树莓和黑莓果实中普遍存在（Wang et al.，2009；Kaume et al.，2012）；而椴树苷仅存在于波兰红树莓的一些品种和保加利亚悬钩子属植物的叶子中（Gevrenova et al.，2013）。山柰酚-3-O-芸香糖苷在红树莓或黑树莓中没有发现，但在掌叶覆盆子中含量较高。异槲皮苷、紫云英苷/黄芪苷、几种鞣花酸戊糖苷（ellagic acid pentoside）、鞣花酸乙酰戊糖苷（ellagic acid acetyl pentoside）、金丝桃苷和芦丁，普遍存在于红树莓和黑树莓中（Kaume et al.，2012）。Rourinoside 最先在悬钩子属植物中被发现。异槲皮苷、山柰酚-3-O-芸香糖苷和椴树苷均具有显著的生物活性，例如异槲皮苷具有抗癌、抗心血管疾病、抗糖尿病和抗过敏反应活性，山柰酚-3-O-芸香糖苷可保护肝脏免受 CCl_4 诱导的氧化损伤，而椴树苷具有抗炎、抗氧化、抗癌和保肝活性的功能（Li et al.，2021b）。山柰酚和槲皮素衍生的黄酮类化合物主要积聚在果实表皮、胚胎和种皮中，但很少积聚在果皮（外果皮、皮下组织和中果皮）中（Li et al.，2021a，b）。因此，山柰酚-3-O-芸香糖苷和 rourinoside 是物种特异性产物，可用于悬钩子属的分类。

3.3.5　掌叶覆盆子果实酚类和抗氧化能力的动态变化

掌叶覆盆子果实总黄酮含量平均为 329.18mg GAE/100g Fw，从 BG 到 GY、YO 和 Re，分别下降了 42.05%，55.26% 和 23.31%（图 3-7a）。总酚含量平均为 417.77mg GAE/100g Fw（GAE 为没食子当量），从 BG 到 GY、YO 和 Re 分别下降 39.01%，54.68% 和 31.64%（图 3-7a）。值得注意的是，总酚（包括花青素和其他黄酮类物质）含量在掌叶覆盆子果实成熟过程中呈现出持续下降的趋势；而在红树莓果实中，总酚浓度从绿色到转色阶段下降，然后增加直到成熟（Wang et al.，2009）。在许多浆果（如蓝莓、蔓越莓、草莓和葡萄）的果实成熟过程中，花青素的增加趋势和酚类物质的"V"形变化比较常见(Vvedenskaya et al.，2004；Giribaldi et al.，2007；Song et al.，2015；Li et al.，2019)。成熟后期酚类物质的增加主要是由于转色后花青素大量增加(Li et al.，2019)。与大多数已知浆果相比,掌叶覆盆子果实的花青素含量持续减少,这可能导致黄酮类和酚类物质的持续减少。

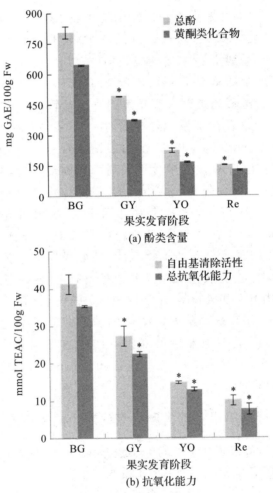

图 3-7　掌叶覆盆子果实发育过程中酚类含量及抗氧化能力动态变化

注：∗表示不同发育阶段物质含量或活性与 BG 阶段相比差异显著($p<0.05$)；
TEAC 为等效抗氧化能力

抗氧化能力一般通过测定自由基清除活性(ABTS)和还原抗氧化能力

(FRAP)来评估。掌叶覆盆子果实 ABTS 平均为 23.33mmol TEAC/100g Fw，从 BG 到 GY、YO 和 Re，分别下降了 33.74%，45.78% 和 32.06%（图 3-7b）。FRAP 平均为 19.60mmol TEAC/100g，从 BG 到 GY、YO 和 Re 下降了 36.17%，42.22% 和 41.03%（图 3-7b）。花青素、黄酮类和酚类物质与抗氧化能力密切相关（Pearson 相关系数为 0.968～0.999）。然而，类胡萝卜素与这些酚类物质和抗氧化能力呈负相关性（Pearson 相关系数为－0.867～－0.738）。可见，掌叶覆盆子果实抗氧化能力高度依赖于酚类物质而不是类胡萝卜素。这可能是由于类胡萝卜素主要清除单线态分子氧和过氧自由基。类胡萝卜素的抗氧化能力可以使用其他检测方法检测，如 ORAC-L（ORAC 为氧化自由基吸收能力）（Liu et al.，2018）。

掌叶覆盆子 BG 果实酚类物质的总含量达到峰值 805.25mg GAE/100g Fw，高于大多数其他成熟果实，如红树莓、黑莓、草莓、蓝莓和樱桃的酚类物质含量分别为 357.8，850.5，621.9，305.4 和 314.5mg GAE/100g Fw（Chen et al.，2013；Souza et al.，2014）。此外，BG 果实中黄酮类化合物的总含量最高为 646.2mg GAE/100g Fw（图 3-7），高于红树莓（Chen et al. 2013）。BG 果实的 ABTS 峰值为 41.2mmol TEAC/100g Fw（TEAC 为等效抗氧化能力），远高于红树莓、黑莓、草莓、蓝莓和樱桃成熟果实的 ABTS 值（分别为 6.3，13.2，7.9，5.9，8.8μmol TEAC/g Fw）（Souza et al.，2014）。掌叶覆盆子未成熟果实极高的抗氧化能力可能是其在中药中应用的原因之一。

综上，在掌叶覆盆子果实成熟过程中，酚类物质急剧减少，而类胡萝卜素急剧增加，这导致未成熟和成熟果实在颜色、风味和营养成分方面存在差异，这种差异决定了它们的不同用途。尤其是未成熟果实，富含具有保健价值的酚类化合物，可开发成保健品。成熟果实涩味少，香甜可口，可用以鲜食。值得注意的是，掌叶覆盆子特有的酚类和类胡萝卜素，可用以区别其和树莓。

3.4　掌叶覆盆子果实发育过程中差异表达基因和差异代谢物

掌叶覆盆子果实品质和药用成分的合成可能是复杂代谢的综合结果，只有查清其合成的分子机制，才能更有针对性地进行田间管理提升、株系分子筛选和改进育种。我们联合转录组学、蛋白质组学和代谢组学分析，对果实发育过程的基因与物质变化进行全面研究。

选取 L7 株系 4 个典型阶段的果实,包括大绿Ⅰ、青转黄、黄转橙和红果,液氮速冻后－80℃保存。每个阶段从 3 个以上植株随机采取,每个样品采集 50 颗以上果实。转录组测序和蛋白质组鉴定 3 次生物学重复,代谢组分析 6 次生物学重复。

转录组测序采用从头测序(de novo),RNA 提取采用改良的 CTAB 法(Chen et al.,2012)。在 Illumina(HiSeq X-Ten)平台完成测序和组装(Chen et al.,2021)。测序得到的原始数据,过滤掉接头污染、低质量(20% $Q<15$)和未知碱基 N 含量过高($N>5\%$)的测序片段(reads),得到高质量的 clean reads。接着对这些 clean reads 用 Trinity(ver2.0.6)进行 de novo 组装,包括三个独立模块 Inchworm、Chrysalis 和 Butterfly。然后使用 Tgicl(ver2.0.6)将组装的转录本进行聚类去冗余,得到 unigenes,包括 Clusters 和 Unigenes。Clusters 以 CL 开头,后接基因家族的编号,同一个 Cluster 里面有若干条相似度高($>70\%$)的 unigenes。Unigenes 以 Unigene 开头,指那些没有聚类的 singletons。此后,进行 NT(非冗余核酸序列数据库)和 NR(非冗余蛋白序列数据库)注释(http://www.ncbi. nlm. nih. gov/)以 及 EuKaryotic Orthologous Groups(KOG)database (http://www. ncbi. nih. gov/pub/COG/KOG)、Kyoto Encyclopedia of Genes and Genomes(KEGG) pathway database 和 SwissProt database(http://ftp. ebi. ac. uk/pub/databases/swissprot)等注释。最后,使用 getorf(EMBOSS:6.5.7.0)和 hmmsearch(ver3.0)进行转录因子预测。

蛋白质组鉴定参考 Li 等(2021a)的研究,提取各阶段果实蛋白质,经 BCA 蛋白质定量检测试剂盒测定浓度。提取的蛋白进行还原和烷基化后用胰蛋白酶消化,接着用固相萃取柱脱盐。多肽用 0.5mol/L TEAB 重组,并利用 TMT 试剂盒标记。脱盐,真空干燥后,用高效液相色谱串联质谱 HPLC-MS/MS Q Exactive HF-XTM 系统分析。相对蛋白质表达量以蛋白离子强度估算,设置差异表达蛋白质的阈值:fold>1.5 或 <0.67 和 $p<0.05$。

代谢组分析参考 Chen 等(2021)的研究,取每份果实样品 25mg 于微量离心管(又称 Ep 管)中,加 800μL 冷冻的甲醇/水(1:1)溶液,加小钢珠,置于 TissueLyser 研磨仪中研磨,60Hz,4min,接着－20℃沉淀 2h,30000g 离心 20min。取 500μL 上清液于新的 Ep 管中,用于后续质谱分析。取其中 10μL 上清液,用超高效液相色谱-四级杆飞行时间质谱(UPLC-Q-TOF-MS)分析。对质谱柱上洗脱下来的小分子,利用高分辨率的串联质谱 Xevo G2-XS QTof 分别进行正离子和负离子模式采集,数据进行一级和二级扫描。

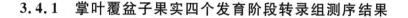

3.4.1　掌叶覆盆子果实四个发育阶段转录组测序结果

4 个阶段果实样品的各 3 个重复均具有高质量测序结果,我们总共获得了 80.42Gb数据,其中高质量 reads 共 639.41Mb(Chen et al.,2021)。组装去冗余后得到 89188 个 unigenes,总长度、平均长度、N50 以及 GC 含量分别为 96361653bp、1080bp、1916bp 和 41.72%。将 unigene 比对到七大功能数据库进行注释,共有 64.52% 获得注释。其中 49755(55.79%)个和 47957(53.77%)个比对到 NR 和 NT 数据库进行注释。根据 NR 注释结果,统计 unigene 注释上不同物种的比例,其中 64.37% 注释到森林草莓(*Fragaria vesca*),7.77%、5.62% 和 3.14% 注释到梅(*Prunus mume*)、桃(*Prunus persica*)和苹果(*Malus domestica*)上,都属于蔷薇科植物。另有 33500(37.56%),39051(43.79%),37833(42.42%),41238(46.24%)和 2837(3.18%)个分别比对到 SwissProt、COG/KOG、KEGG、InterPro 和 GO 数据库进行注释。共有 35.48% unigene 未比对到七大数据库上,说明这些基因可能正是掌叶覆盆子独有的,决定了其自有的特性。

KOG 注释结果显示,6552 个基因介导信号转导(signal transduction mechanism),4772 个基因介导翻译后修饰、蛋白质转换和分子伴侣(posttranslational modification,protein turnover,chaperones),3554 个基因介导转录(transcription),2705 个基因介导碳水化合物转运与代谢(carbohydrate transport and metabolism),2509 个基因介导 RNA 加工与修饰(RNA processing and modification)。这些结果均表明果实在发育过程中代谢十分活跃。将这些基因注释到代谢途径上,KEGG 注释结果显示,37833 个基因参与了不同代谢途径。其中,3144 个基因参与碳水化合物代谢,1719 个基因参与氨基酸代谢,1533 个基因参与脂类代谢,1307 个基因参与次生代谢,788 个基因参与萜类和聚酮类化合物代谢,这进一步表明,在掌叶覆盆子果实发育过程中营养物质的积累和次生代谢物的合成旺盛。

3.4.2　掌叶覆盆子果实四个发育阶段代谢组分析结果

代谢组检测在正离子加合模式下共获得 8352 个离子,其中相对标准偏差(RSD)≤30% 的离子有 7611 个(占 91.13%),一、二级鉴定数分别为 4730 和 2999;在负离子加合模式下共获得 6276 个离子,其中 RSD≤30% 的离子有 4683 个(占 74.62%),一、二级鉴定数分别为 2070 和 1130。

对代谢组数据进行多元分析（multivariate analysis），主成分分析结果如图 3-8 所示。四个发育阶段均能较为明显地区分。正离子模式下，PC1 值为 40.48%，PC2 值为 30.76%，尤其是 BG 和 Re 阶段、GY 和 Re 阶段在 X 轴上明显分开。

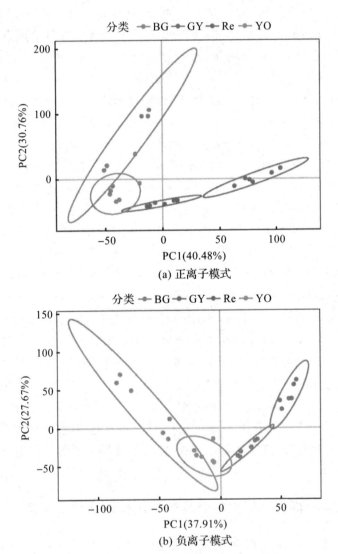

(a) 正离子模式

(b) 负离子模式

图 3-8 掌叶覆盆子代谢组主成分分析（彩图见附录）

3.4.3　掌叶覆盆子果实发育过程中差异基因、差异蛋白和差异代谢物

分析果实不同发育阶段之间的差异基因[差异倍数（Changes）≥2.0，$p≤$0.05]，GY 与 BGⅠ阶段相比，共有 8792 个差异表达基因（differential expression genes，DEGs），其中 4054 个基因表达上调，4738 个基因表达下调（图 3-9a）；这些基因中有 6439 个在 KEGG 富集途径中得到注释，共涉及 134 条途径，富集靠前的途径有代谢途径（1648DEGs，占 25.59%）、次生代谢物生物合成（1033DEGs，占16.04%）、苯丙烷生物合成（226DEGs，占 3.51%）、淀粉和糖代谢（164DEGs，占 2.55%）、类黄酮生物合成（93DEGs，占 1.44%）和苯丙氨酸代谢（67DEGs，占 1.04%）等。GY 和 BG 之间共检测到 506 个上调蛋白和 618 个下调蛋白，Re 和 BG 之间共检测到 765 个上调蛋白和 799 个下调蛋白（图 3-9b）。此外，GY 与 BGⅠ之间共检测到 2008 个差异离子（differetial ions，Diff ions）（正离子模式）或 1243Diff ions（负离子模式）（表 3-4）。这些离子注释到代谢途径上的归类与基因表达结果相似：在正离子模式下，415（21.3%）个差异离子参与代谢途径，332（17%）个差异离子参与次生代谢物生物合成，54（2.8%）个差异离子参与类黄酮生物合成，49（2.5%）个差异离子参与二萜生物合成，39（2%）个差异离子参与苯丙烷生物合成。YO 比 GY 和 Re 比 YO 的变化趋势也类似（图 3-10d～f）。通过气泡图（图 3-10a～c），我们比较了几个阶段差异基因表达情况，结果表明掌叶覆盆子果实发育过程中差异基因表达主要集中在次生代谢上，早期阶段主要集中在苯丙烷、酪氨酸和色氨酸生物合成，黄酮和黄酮醇生物合成，二萜生物合成和托品烷、哌啶和吡啶生物合成途径上，掌叶覆盆子合成这些次生代谢物有利于保护自身，防御外界生物与非生物胁迫（Gutierrez et al.，2017）。而后期基因表达主要集中在 α-亚麻酸代谢、氨基酸生物合成、C5 支链二元酸代谢、硫胺素代谢、缬氨酸、亮氨酸和异亮氨酸生物合成以及类胡萝卜素生物合成等。综上，从分子层面上证实掌叶覆盆子果实前期富含萜类和黄酮类化合物，而果实成熟时转向氨基酸等营养物质合成。

研究人员在黑莓（*Rubus fructicosus* Cv. Lochness）的研究中也发现果实发育过程中代谢十分活跃，尤其是次生代谢物的合成（Garcia-Seco et al.，2015）。在椭圆悬钩子植物果实发育过程中，早期黄酮和黄酮醇生物合成、二萜生物合成相对活跃，酚类物质含量在未成熟的 S-1 和 S-2 期达到最大，而晚期氨基酸和亚麻酸代谢占主导地位（Belwal et al.，2019）。植物早期合成的酚类物质像"天然杀虫剂"一样以防止天敌入侵，之后再氧化转向合成花青素等果实成熟期所需物质（Fait et al.，2008；Chen et al.，2012，2018）。插田泡（*Rubus coreanus*）果实发育前两个阶段，芳香族物质降解途径、淀粉和蔗糖代谢途径活跃，而晚期转向多环芳烃降解和双酚降解，以形成果实特殊的香气和风味（Chen et al.，2018）。另外，果实成熟后会软化，因此插田泡细胞壁组分和蜡质或表皮层降解代谢相关基因活跃，我们在掌叶覆盆子中也发现了这个现象。

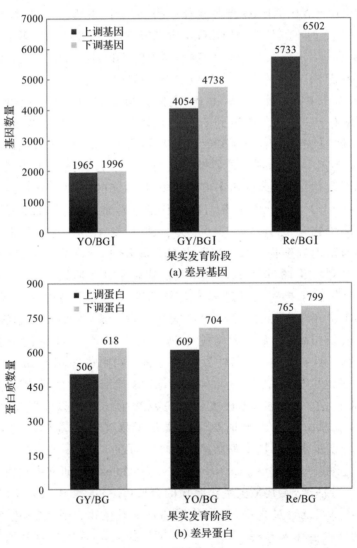

图 3-9　掌叶覆盆子不同发育阶段差异基因和差异蛋白质数量

表 3-4　掌叶覆盆子果实发育不同阶段差异离子鉴定结果统计

模式	比较组	差异离子数量	上调(MS)	下调(MS)	上调(MS2)	下调(MS2)
pos	GY/BG	2008	852	461	589	284
pos	YO/GY	1716	596	466	414	290
pos	Re/YO	2164	344	984	224	692
neg	GY/BG	1243	409	225	232	125
neg	YO/GY	980	203	257	121	141
neg	Re/YO	1390	210	344	104	197

注:pos 表示正离子模式,neg 表示负离子模式。

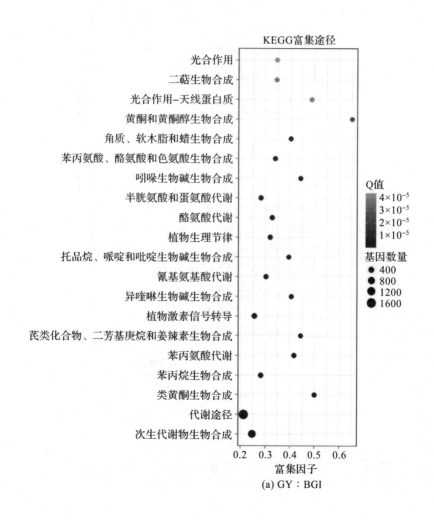

(a) GY∶BGI

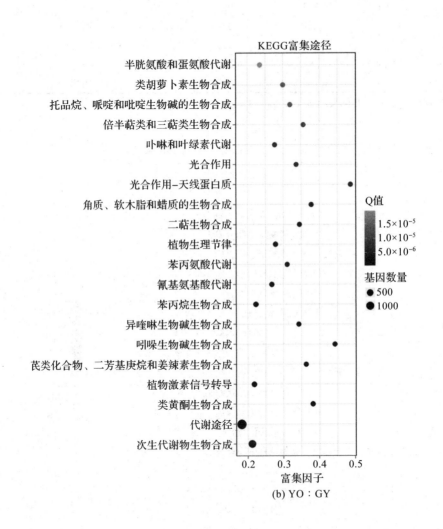

(b) YO：GY

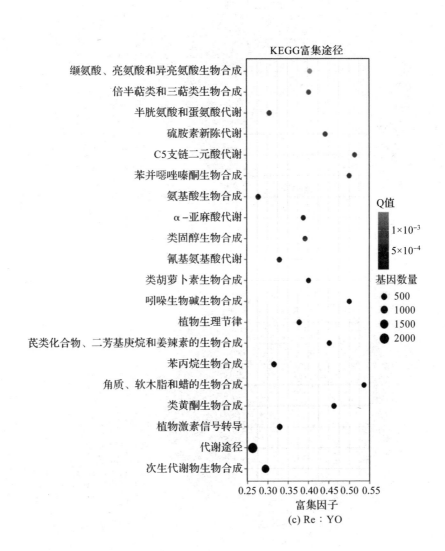

(c) Re：YO

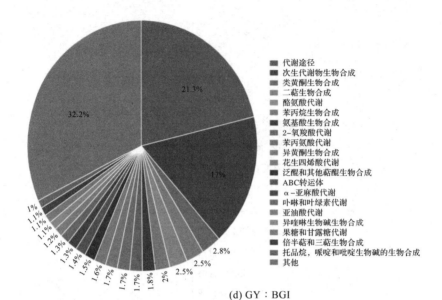

代谢途径
次生代谢物生物合成
类黄酮生物合成
二萜生物合成
酪氨酸代谢
苯丙烷生物合成
氨基酸生物合成
2-氧羧酸代谢
苯丙氨酸代谢
异黄酮生物合成
花生四烯酸代谢
泛醌和其他萜醌生物合成
ABC转运体
α-亚麻酸代谢
卟啉和叶绿素代谢
亚油酸代谢
异喹啉生物碱生物合成
果糖和甘露糖代谢
倍半萜和三萜生物合成
托品烷，哌啶和吡啶生物碱的生物合成
其他

(d) GY∶BGI

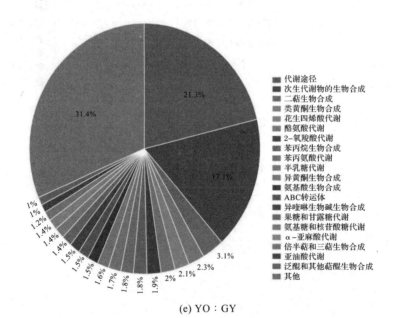

代谢途径
次生代谢物的生物合成
二萜生物合成
类黄酮生物合成
花生四烯酸代谢
酪氨酸代谢
2-氧羧酸代谢
苯丙烷生物合成
苯丙氨酸代谢
半乳糖代谢
异黄酮生物合成
氨基酸生物合成
ABC转运体
异喹啉生物碱生物合成
果糖和甘露糖代谢
氨基糖和核苷酸糖代谢
α-亚麻酸代谢
倍半萜和三萜生物合成
亚油酸代谢
泛醌和其他萜醌生物合成
其他

(e) YO∶GY

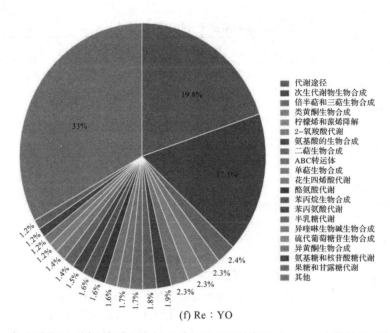

图 3-10 掌叶覆盆子不同发育阶段之间差异基因和差异离子 Pathway 富集结果(图 d—f 彩图见
附录)

注:图(a)—(c)中点的大小表示差异基因数目,点越大代表数目越多,越小表示数目越小。颜
色深浅反映 Q 值大小,颜色越浅值越大,越深值越小,值越小表明富集结果越显著。

3.5 掌叶覆盆子果实中鞣花酸和山柰酚-3-*O*-芸香糖苷的生物合成与调控

鞣花酸(EA)和山柰酚-3-*O*-芸香糖苷(K3R)是目前公认的覆盆子的主要药用
成分。根据转录组测序结果,我们进行了覆盆子关键药用成分的生物合成途径相
关基因分析,并设计引物,实时荧光定量 PCR(qPCR)验证。从花后 7d 开始,取 L7
发育 8 个阶段(SG、MG、BGⅠ、BGⅡ、BGⅢ、GY、YO 和 Re)的果实,用多糖多酚植
物 RNA 提取试剂盒(DP441)提取总 RNA,电泳检测条带完整性,核酸检测仪
(NanoDrop2000)测定其浓度和质量,再用逆转录试剂盒(RR036A)合成 cDNA。
用 Bio-Rad CFX96 荧光定量 PCR 仪进行 qPCR 扩增,重复 3~4 次。qPCR 引物
见表 3-5。qPCR 程序设定:95℃预变性 10min,接着 95℃ 10s,55℃ 30s,72℃ 20s,
40 个循环,最后绘制溶解曲线。

表 3-5　掌叶覆盆子 qPCR 引物设计

基因名称	引物（5′—3′）
DHQS1-qF1	CCCAACAGAAGAATCAACCTG
DHQS1-qR1	CGAGACTGGACCGACGATGTA
DQD/SDH1-qF1	CCTATCATTGGGACTTGAGAAC
DQD/SDH1-qR1	TGCAAGGATACAAGCTACCG
DQD/SDH2-qF1	TAAGTGACAAGAGTAGGCAAAGG
DQD/SDH2-qR1	GATGCACAAGGCTAAGGAAAT
DQD/SDH4-qF1	GCCACAGCAAGTCGCCTAT
DQD/SDH4-qR1	TGTAACACTGAAACCAGCAAA
PAL1-qF1	GGGAAGGGTACAGACAGCTACG
PAL1-qR1	TCCGGCATTCAAGAATCTAATC
PAL2-qF1	CTTGACTATTTCCCAGGTGGCC
PAL2-qR1	TGGAATCCATGACCCAATCACTA
4CL2-qF1	TTCTTTCTCCACCAACTCCAGC
4CL2-qR1	ACTCCCTCAACTCGGTCTTCCT
4CL3-qF3	AGATGATGCTGCGGGTGAA
4CL3-qR3	GGAATGGCGTGGACGAAGTAG
CHS1-qF2	GTTAGAAGCCACGAGGAAT
CHS1-qR2	AGGCCCAAACCCGAATAGT
CHI1-qF1	GTCGTTTCCGCCCACAG-
CHI1-qR1	CGGCACGGCTTTATCTTC
CHI2-qF2	CACAACTACCAAGCCATTATCT
CHI2-qR2	ACAATTTCAGGGTCCAAGTAA
F3H1-qF3	AGAAGGAGGCATTGACGAAGG
F3H1-qR3	TGGCGCTTGAGTCCGAGA
F3′H2-qF1	CAATGGCGGTCAAGAAGTCG
F3′H2-qR1	AGATGATGGTGTTGGCAGGAGTA
F3′H3-like-qF1	GAAGCCGTAGTAGGCAAAGACA
F3′H3-like-qR1	GCAATGAGGGACTAATAGAGGC
FLS1-qF1	TTCAAGGTCAGAACCCATCC
FLS1-qR1	CCAATCCCAGGCTTTCG
UGT78H2-qF1	TATTGCCTCGGCTAATGCT
UGT78H2-qR1	GCTGCTTACAATGGCTGGA
UGT88A1-qF1	CACCGAGTTCCAACCACAG
UGT88A1-qR1	GGGTAGGACCAAGGATAGGG
C1-qF2	TGTTGCCTAAGAGTTTGTGG

基因名称	引物(5′—3′)
Cl-qR2	GGCTTCGGTGGTTGAATT
MYB4-1-qF2	CACTGGTGGTGAAAGAGGAGG
MYB4-1-qR2	CAGAATCCGAACCCGAAAG
MYB12-1-qF2	GAGAAACTCCGAAAGAAAGC
MYB12-1-qR2	AGTAATCCTCCTGGTCAACAA
MYB12-2-qF2	GAACAAAGGAGCGTGGACT
MYB12-2-qR2	TTCAAACCTGCTATGGAAGC
MYB39-1-qF1	GTGGCAAGAGCTGTAGGTTAA
MYB39-1-qR1	TGTCGGTTCGTCCGTCTA
MYB86-2-qF2	AGGCTTTCTGCTGCTCATT
MYB86-2-qR2	GGGCAACAGGTGGTCTCA
MYB86-3-qF1	CTAGATTTGGCGTTGGTTG
MYB86-3-qR1	TCTTCCTGGTAATTGTGCTG
bHLH13-qF1	CAATGGAGCCAGGGATGA
bHLH13-qR1	AACGGGTCGGGCAACTA
bHLH63-qF2	CCACAAGAACCGTGACCCA
bHLH63-qR2	CAGCAGCAGCACCAAGGATA
bHLH137-qF1	ACTCGGGTTCGGCTCAC
bHLH137-qR1	AAGATAACTGGCAAGGCTCAT
Actin-F	ATCCACGAGACTACATACAACTCC
Actin-R	CTGTCTGCAATACCAGGGAAC

3.5.1　鞣花酸生物合成

鞣花酸及其聚合物鞣花丹宁具有抗氧化、消炎、抗糖化作用,以及抗糖尿病、护肝和抗癌功效(Chen et al.,2019,2020)。目前花色和果色基因合成与调控研究如火如荼,类黄酮合成途径逐渐明晰,鞣花酸合成途径也有初步报道(Ossipov et al.,2003;Saito et al.,2013;Guo et al.,2014;孙平等,2018)。EA 和 K3R 的合成途径如图 3-11。鞣花酸是没食子酸(gallic acid,GA)的二聚衍生物,由 GA 经过氧化、异构化、聚合和烯醇化而得,或通过鞣花丹宁水解得到。从头合成途径中,4-磷酸赤藓糖(E4P)和磷酸烯醇式丙酮酸(PEP)在 3-脱氧-D-阿拉伯庚酮糖酸-7-磷酸合酶(DAHPS)的催化下生成 3-脱氧-D-阿拉伯庚酮糖酸-7-磷酸(DAHP),接着在 3-脱氢奎尼酸合成酶(DHQS)作用下生成 3-脱氢奎尼酸(DHQ),后经 3-脱氢奎尼酸脱水酶/莽草酸脱氢酶双功能酶(DQD/SDH)催化生成 3-脱氢莽草酸和莽草酸

（shikimic acid,SA）。3-脱氢莽草酸经莽草酸脱氢酶作用,并烯醇化生成没食子酸。

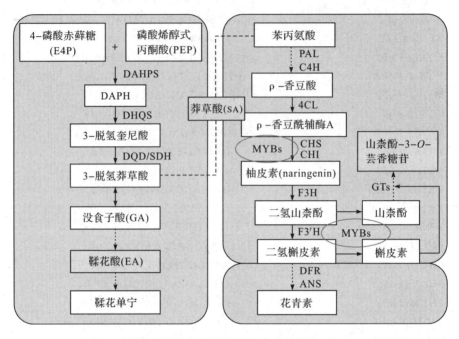

图 3-11　EA 和 K3R 合成途径

注:PAL,苯丙氨酸解氨酶;C4H,肉桂酸-4-羟化酶;4CL,4-香豆酸-辅酶 A 连接酶;CHS,查尔酮合成酶;CHI,查尔酮异构酶;F3H,黄烷酮-3-羟化酶;F3′H,类黄酮-3′-羟化酶;GTs(RTs),糖苷转移酶;DFR,二氢黄酮醇-4-还原酶;ANS,花青素合成酶。

通过转录组测序鉴定到 7 个鞣花酸合成途径相关酶编码基因,包括 2 个 *DAHPS*、1 个 *DHQS*、4 个 *DQD/SDH*,均在 BG I 时表达量达到最高,GY 时表达量下降,YO 时可能有所上升,Re 时表达量最低(图 3-12)。其产物 DAHP、DHQ、3-脱氢莽草酸、莽草酸和没食子酸等也有相似的变化趋势(图 3-13)。鞣花酸在覆盆果实 4 个发育阶段含量均很高。qPCR 结果证实了转录组测序的结果(图 3-14),HPLC 检测也证实了代谢组测序的结果(表 3-2),说明在覆盆子坐果开始鞣花酸合成相关基因就强烈表达,启动了鞣花酸的合成。一些植物的 DAHPS 编码基因已被克隆,如拟南芥、水稻、番茄、马铃薯和棉花,且都含有 2 个成员(*DAHPS*1 和 *DAHPS*2),但表达模式并不相同(Yang et al.,2015)。拟南芥 *AtDAHPS*1 编码产物与抗逆性密切相关,而番茄 *DAHPS*1 和 *DAHPS*2 表现出不同的组织特异性表达模式。研究结果表明,掌叶覆盆子 *DAHPS*1 和 *DAHPS*2

在果实发育过程中呈现相同的表达模式,且其 FPKM 值远高于 *DHQS* 和 *DQD/SDHs*。进一步分析基因序列,*DAHPS1* 序列全长 2498bp,编码约 532 个氨基酸,其序列与月季(*Rosa chinensis*)和草莓(*F. vesca*)的 *DAHPS1* 序列的相似性分别为 89.6% 和 89.9%。*DAHPS2* 序列全长 2454bp,其序列与月季和草莓的 *DAHPS2* 序列的相似性分别为 89.7% 和 87.3%。在拟南芥中,只鉴定到 1 种 *DQD/SDH* 基因,其序列包括 N 端的 DQD 结构域(1～316 个氨基酸)和 C 端的 SDH 结构域(328～588 个氨基酸)(Singh et al.,2006)。在毛果杨(*Populus trichocarpa*)中鉴定到 5 个假定 *DQD/SDH* 基因,它们的表达模式并不相同:*DQD/SDH1* 在活跃生长的组织和繁殖器官强烈表达;*DQD/SDH2* 在木质化组织中比较丰富;*DQD/SDH3～5* 则在根尖、根和叶中强烈表达(Guo et al.,2014)。在茶树中 *CsDQD/SDH2* 和 *CsDQD/SDH3* 有着相似的表达模式且协同作用,而 *CsDQD/SDH1* 则表现出相反的趋势并负调控 *CsDQD/SDH2* 和 *CsDQD/SDH3*(孙平等,2018)。在掌叶覆盆子中鉴定到 4 个 *DQD/SDH* 基因,除了 *DQD/SDH3*,其余 3 个 *DQD/SDH* 基因均在 SG 阶段就强烈表达,接下来的阶段表达迅速减弱并维持稳定水平(图 3-12,图 3-14),表明这些基因起主要作用,它们的交互作用值得进一步研究。Pearson 相关性分析结果表明,E4P、没食子酸、莽草酸和没食子鞣质和 *DAHPS1*、*DAHPS2*、*DHQS*、*DQD/SDH1*、*DQD/SDH2*、*DQD/SDH4* 之间存在高度的正相关性(图 3-15a)。鞣花酸合成关键基因和表达模式的阐明,可为覆盆子分子育种提供科学依据。

3.5.2　山奈酚-*O*-芸香糖苷生物合成

山奈酚-3-*O*-芸香糖苷的生物合成与调控也与鞣花酸有相似趋势。具体基因和产物变化如图 3-12 和表 3-6 所示,部分基因的 qPCR 验证结果如图 3-14 所示。3-脱氢莽草酸可产生莽草酸,再转化成分支酸,即苯丙氨酸、色氨酸和酪氨酸的共同前体。苯丙氨酸经苯丙烷途径可生成黄酮醇、花青素、原花青素、黄酮、黄烷酮和异黄酮。苯丙氨酸在苯丙氨酸解氨酶(PAL)、肉桂酸-4-羟化酶/细胞色素 P450 单加氧酶(C4H/CYP73A)、4-香豆酸-辅酶 A 连接酶(4CL)、查尔酮异构酶(CHI)和查尔酮合成酶(CHS)系列酶的作用下生成 4,5,7-三羟黄烷酮,再经黄烷酮-3-羟化酶(F3H)和类黄酮-3′羟化酶(F3′H)生成二氢山奈酚和二氢槲皮素。山奈酚和槲皮素是两种主要的黄酮醇,由二氢山奈酚和二氢槲皮素经黄酮醇合成酶(FLS)催化合成。山奈酚-3-*O*-芸香糖苷为山奈酚糖苷衍生物,在类黄酮-3-*O*-糖基转移酶/葡萄糖基转移酶(UGT78D2/UGT78H2)等作用下合成(图 3-11,图 3-12)。

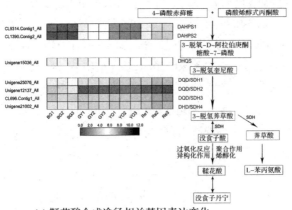

(a) 鞣花酸合成途径相关基因表达变化

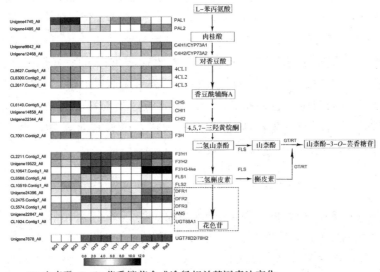

(b) 山奈酚-3-O-芸香糖苷合成途径相关基因表达变化

图 3-12　鞣花酸和山奈酚-3-O 芸香糖苷生物合成相关基因表达及相关代谢离子变化(彩图见附录)

　　注:PAL,苯丙氨酸解氨酶;C4H,肉桂酸-4-羟化酶;4CL,4-香豆酸-辅酶 A 连接酶;CHS,查尔酮合成酶;CHI,查尔酮异构酶;F3H,黄烷酮-3-羟化酶;F3′H,类黄酮-3′-羟化酶;GTs(RTs),糖苷转移酶;C4H/CYP73A,肉桂酸-4-羟化酶/细胞色素 P450 单加氧酶;DFR,二氢黄酮醇-4-还原酶;ANS,花青素合成酶;UGT88A1,花青素糖基转移酶,UGT78D2/UGT78H2,类黄酮-3-O-糖基转移酶/葡萄糖基转移酶。

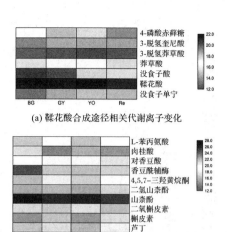

(a) 鞣花酸合成途径相关代谢离子变化

(b) 山柰酚-3-O-芸香糖苷合成途径相关代谢离子变化

图 3-13　鞣花酸和山柰酚-3-O-芸香糖苷生物合成途径相关代谢离子变化(彩图见附录)

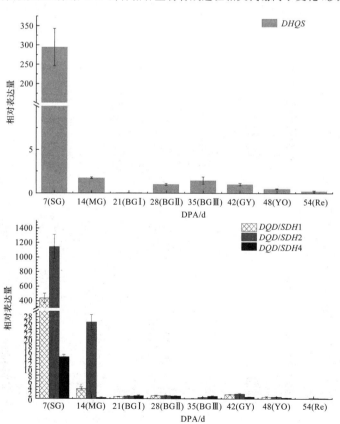

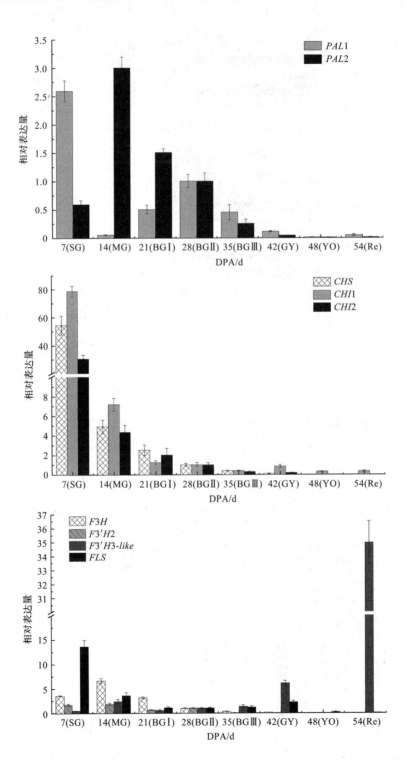

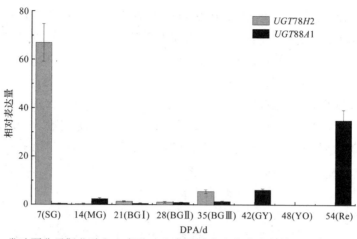

图 3-14 掌叶覆盆子鞣花酸和山柰酚-3-O-芸香糖苷生物合成相关基因表达的 qPCR 验证

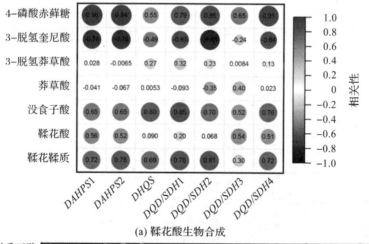

(a) 鞣花酸生物合成

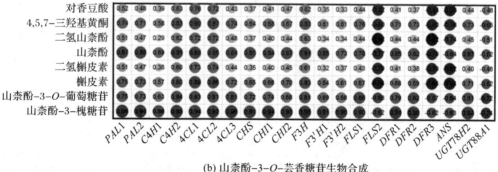

(b) 山柰酚-3-O-芸香糖苷生物合成

图 3-15 掌叶覆盆子鞣花酸和山柰酚-3-O-芸香糖苷生物合成相关基因表达和代谢产物的相关
性分析(彩图见附录)

15 个有效表达的 unigenes 参与 K3R 从苯丙氨酸开始的生物合成途径,包括 2 个 *PAL*、2 个 *C4H*、3 个 *C4L*、1 个 *CHS*、2 个 *CHI*、1 个 *F3H*、2 个 *F3′H*、1 个 *FLS* 和 1 个 *UTG78D2*,均在 BG 阶段表达量最高,之后急剧下降,在 YO 阶段有所回升,Re 阶段表达量最低(图 3-12)。蛋白质检测结果也表明 BG 阶段这些酶含量最高,之后急剧下降并保持相对稳定(表 3-6)。这些酶催化生成的次生代谢产物,如苯丙氨酸、对香豆酸、4,5,7-三羟黄烷酮、二氢山奈酚、二氢槲皮素、槲皮素及山奈酚糖苷衍生物等含量变化均呈现相似趋势(图 3-13,图 3-15b)。代谢离子分析结果还表明,掌叶覆盆子 4 个阶段果实中鞣花酸、山奈酚和山奈酚-3-*O*-葡萄糖苷含量远高于其他化合物,说明掌叶覆盆子富含这些物质(图 3-13)。而 *F3′H3-like* 和 *FLS2* 则在红果阶段表达量最高,可能参与花青素的合成(图 3-12)。此外参与花青素合成相关的二氢黄酮醇-4-还原酶(DFR3)、花青素合成酶(ANS)和花青素糖基转移酶(UGT88A1)等也随果实发育而表达增强。

表 3-6 掌叶覆盆子果实发育过程中山奈酚-3-*O*-芸香糖苷生物合成途径中蛋白质变化

蛋白质名称(编码)	BG	GY	YO	Re
RchPAL(Gene. 51765_Unigene4740)	1.79±0.04	0.84±0.02*	0.64±0.01*	0.52±0.01*
RchPAL(Gene. 51408_Unigene4485)	2.05±0.13	0.54±0.04*	0.56±0.01*	0.56±0.04*
RchC4H(Gene. 55998_Unigene9842)	1.64±0.02	0.83±0.01*	0.71±0.01*	0.67±0.01*
RchC4L(Gene. 17126_CL2617. Contig1)	1.85±0.04	0.67±0.05*	0.67±0.04*	0.64±0.02*
RchC4L(Gene. 33545_CL6300. Contig2)	1.41±0.03	0.96±0.01*	0.77±0.01*	0.82±0.01*
RchC4L(Gene. 41259_CL8627. Contig1)	1.71±0.02	0.92±0.01*	0.67±0.01*	0.48±0.04*
RchCHS(Gene. 32922_CL6140. Contig5_All)	2.01±0.06	0.55±0.02*	0.61±0.03*	0.55±0.04*
RchCHI(Gene. 60021_Unigene14858_All)	1.82±0.02	0.69±0.02*	0.67±0.02*	0.57±0.01*
RchCHI(Gene. 66078_Unigene22344_All)	2.66±0.04	0.30±0.01*	0.27±0.03*	0.28±0.00*
RchF3H(Gene. 35999_CL7001. Contig2_All)	1.92±0.05	0.69±0.02*	0.62±0.02*	0.50±0.03*
RchF3′H(Gene. 63690_Unigene19522_All)	2.10±0.26	0.82±0.21*	0.43±0.09*	0.39±0.04*
RchFLS(Gene. 34550_CL6588. Contig5_All)	1.51±0.04	1.05±0.05	0.81±0.04	0.60±0.09*
RchFLS(Gene. 46764_CL10519. Contig1_All)	0.76±0.11	0.75±0.15	0.98±0.09	1.60±0.21*
RchUGT78D2(Gene. 54227_Unigene7678_All)	1.87±0.12	0.73±0.07	0.61±0.03*	0.59±0.08*

注:* 表示与 BG 阶段相比蛋白质差异>1.5 倍或<0.67 倍,且 $p<0.05$。

拟南芥 PAL 含 4 个编码基因,其中 *AtPAL1* 和 *AtPAL2* 编码的酶在类黄酮合成中起到关键作用(Saito et al.,2013)。红树莓 *RiPAL1* 在果实发育早期第 Ⅰ 阶段表达最强,在此后第 Ⅱ 和 Ⅲ 阶段表达量下降,在红果阶段表达量回升(Kumar et al.,2001);而 *RiPAL2* 则与果实发育晚期密切相关;且第 Ⅰ 阶段和红果阶段 *RiPAL1* 分别是 *RiPAL2* 的 5.7 和 4.2 倍。在掌叶覆盆子中,*RchPAL1* 的富集程度高于 *RchPAL2*。比对结果表明,掌叶覆盆子 *RchPAL1* 和 *RchPAL2* 与红树莓 *RiPAL1* 和 *RiPAL2* 编码的氨基酸相似度超过 96%,说明悬钩子属植物 PAL 是高度保守的。掌叶覆盆子 *C4H*、*4CL*、*CHS*、*CHI*、*F3H*、*F3′H*、*FLS*、*DFR* 和 *ANS* 的基因序列均与蔷薇科属植物同源序列具有较高的相似性。糖苷化是黄酮醇稳定存在的重要方式,拟南芥 UGT78D2 是一种类黄酮-3-O-糖基转移酶(FGTs),介导黄酮醇和花青素的糖苷化,可使葡萄糖基团连接到山奈酚或槲皮素的糖苷配基上(Kumar et al.,2001;Routaboul et al.,2012)。掌叶覆盆子 UGT78D2 表达模式与 PAL 相似,其基因序列与黑莓"Arapaho" UDP 糖苷转移酶(UGT78H2)编码基因的相似度为 85.1%。陈清等(2015)发现在黑莓未成熟果实中 UGT78H2 强烈表达,随着果实成熟表达量急剧下降。这些结果说明 UGT78D2 可实现山奈酚的葡萄糖苷化。而山奈酚-3-O-芸香糖苷的合成需在山奈酚上接鼠李糖基团。*CL2419.Contig*1/3/4/5_*All* 和 *Unigene*428_*All* 可能编码 UDP-鼠李糖:鼠李糖基转移酶 1,但是它们的表达模式与 *UGT78D2* 相反,在红果阶段强烈表达。因此,山奈酚-3-O-芸香糖苷的最后形成机制仍需进一步的研究。

3.5.3　鞣花酸和山奈酚-3-O-芸香糖苷合成的调控

植物次生代谢产物合成途径复杂,涉及多种限速酶。转录因子(TF)对结构基因的转录激活是植物次生代谢最重要的调节环节之一,可高效开启或关闭次生代谢产物的生物合成途径,从而控制特定次生代谢物的合成。近年来,学者们致力于搜寻并鉴定一些植物次生代谢相关转录因子,包括 MYB、bHLH(也称 MYC)、bZIP、WRKY 等家族。我们在实验中预测到 2118 个转录因子,包括 303 个 MYBs、250 个 MYB 相关转录因子、95 个 bHLHs(MYCs)、111 个 NACs 和 74 个 WRKYs 等。联合分析后我们发现 *RucC1*、*RucMYB4*、*RucMYB5*、*RucMYB12-1*、*RucMYB12-2*、*RucMYB39*、*RucMYB44*、*RucMYB46*、*RucMYB86-1*、*RucMYB86-2*、*RucMYB86-3*、*RucMYB308*、*RucMYB308-like*、*RucMYB1R1-1* 和 *RucbHLH13*、*RucbHLH63*、*RucbHLH93*、*RucbHLH137* 以及 WD40-1、WD40-2 等编码基因与结构基因和代谢产物呈现相同的变化趋势(图 3-16),可能参与调控这些次生代产物的合成。而 $RucMYB6$、$RucMYB44\text{-}like$、$RucODO1$（ODORANT1，MYB-TF）、$RucMYB1R1\text{-}2$ 和 $RucbHLH62$、$RucbHLH77$、$RucbHLH96$ 及 $RucbHLH130$ 则可能起到负调控作用。

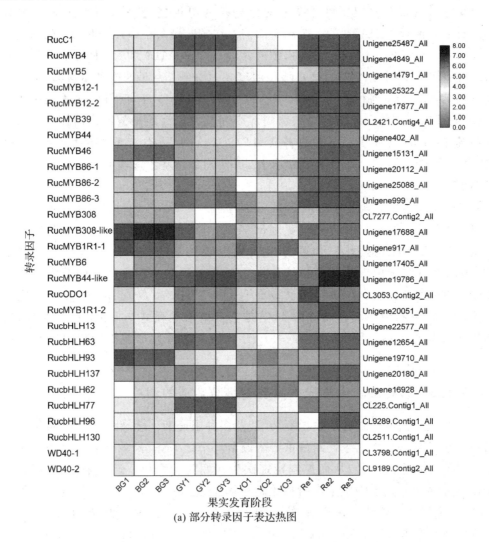

(a) 部分转录因子表达热图

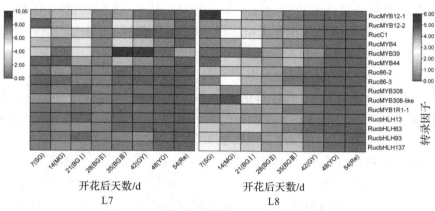

开花后天数/d　　　　　　　　开花后天数/d
L7　　　　　　　　　　　　L8

(b) qPCR验证

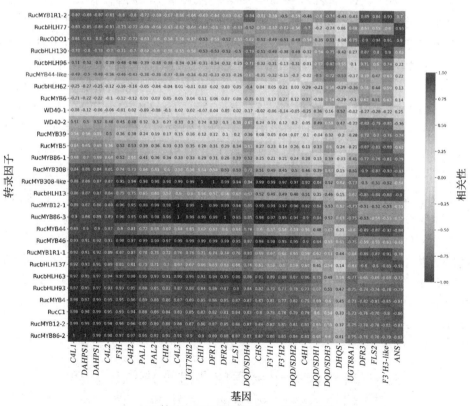

(c) 转录因子和基因的Pearson相关性分析

图 3-16　掌叶覆盆子果实发育过程中的转录因子(彩图见附录)

玉米 ZmC1 是第一个被发现的 MYB 转录因子,其与 ZmLC(MYC/bHLH)编码基因在番茄中共表达可提高 PAL、F3H、F3′H、FLS、GT(黄酮醇-3-O-糖苷转移酶)和 RT(黄酮醇-3-O-葡萄糖鼠李糖苷转移酶)编码基因的表达,从而引起山奈酚(含量是野生型植株的 60 倍)及其芸香糖苷的积累(Bovy et al.,2002)。在拟南芥中,转录因子 PFG(production of flavonol glycoside,包括 PFG1/MYB12、PFG2/MYB11 和 PFG1/MYB111)调控黄酮醇的合成(Stracke et al.,2010;Fernandez-Moreno et al.,2016;Zhai et al.,2019)。PFGs 可特异识别 MRE motif(MYB 识别元件)并启动 CHS、F3H 和 FLS 表达,但并不识别 F3′H 和 DFR 启动子,从而诱导总槲皮素和山奈酚的高积累(Mehrtens et al.,2005)。同时 PFGs 也控制 UGT78D1(黄酮醇-3-O-鼠李糖苷转移酶基因)、UGT78D2(类黄酮-3-O-葡萄糖苷转移酶基因)、UGT89C1(黄酮醇-7-O-鼠李糖苷转移酶基因)和 UGT91A1(UDP-葡萄糖苷转移酶 91A1 基因),从而增加 3 种主要黄酮醇糖苷含量,包括山奈酚 3-O-鼠李糖苷-7-O-鼠李糖苷、山奈酚 3-O-葡萄糖苷-7-O-鼠李糖苷和山奈酚 3-O-葡萄糖鼠李糖苷-7-O-鼠李糖苷的含量;且这 3 种 R2R3-MYBs 的作用具有组织特异性和发育阶段依赖性(Stracke et al.,2010)。此外,在番茄中,用 FUZZNUC、MEME 和 DREME 进行 MBSs(MYB 结合位点)预测,筛选到 141 个 SlMYB12 的候选基因,包括 DAHPS1、PAL2、4CL3、CHS1、CHS2、F3H 和 F3′H 等(Fernandez-Moreno et al.,2016)。我们在实验过程中也筛选到了转录因子编码基因 RchC1、RchMYB12-1、MYB12-2、MYB4、MYB86-2、MYB86-3、MYB308、MYB1R1、MYB86-2 和 bHLH13、bHLH63、bHLH93、bHLH137 等,这些基因与主要药用成分合成的关键基因高度相关,可进行进一步实验验证(图 3-16)。

综上,我们利用转录组学、蛋白质组学和代谢组学联合分析了掌叶覆盆子果实发育过程中的分子和生化机制,结果表明掌叶覆盆子在果实坐果伊始就启动了 EA 和 K3R 的合成,然后逐步积累或转化成相应的衍生物,这个过程受转录因子紧密调控。关键基因序列的获得为品种和品质鉴定及次生代谢产物含量的提升奠定了分子基础。

3.6 掌叶覆盆子果实成熟过程中脱辅基类胡萝卜素β-citraurin 的生物合成

2019 年 5 月,在浙江临海掌叶覆盆子种植基地,采集成熟绿色(即大绿,BG)、青转黄（GY）、黄转橙（YO）和红果（Re）各阶段的果实，液氮速冻，－70℃冰箱保存。取 10 个果实汇集为一组，每组 3 个生物学重复。将新鲜果实浸入 FAA 溶液（甲醛∶冰醋酸∶乙醇＝10∶5∶35）中至少保存 1 个月。取径向和横向切片并在分级乙醇系列溶液（20％、40％、60％、80％、95％和100％，每个浓度浸泡 30min）中脱水，以叔-丁醇为中间溶剂。用旋转切片机切成 12～14μm 的切片，固定到载玻片上，脱蜡后用番红和苯胺蓝染色。最后用中性香脂密封载玻片，用光学显微镜观察并拍照。

3.6.1　掌叶覆盆子成熟果实中色素的积累

果实颜色在成熟过程中从成熟的绿色变为绿黄色、黄橙色和红色。期间，总叶绿素（包括 Chl a、b）和花青素含量逐渐下降，类胡萝卜素含量逐渐增加（图 3-4，图 3-17）。观察细胞发现，类胡萝卜素和叶绿素位于聚合果的中果皮而不是花托。中果皮由薄壁组织层组成，而果皮由表皮层和皮下层组成（图 3-3）。薄壁组织层的细胞远大于表皮和皮下层的细胞。果实成熟期间，薄壁组织层的细胞急剧增大。在果实成熟过程中，BG 阶段叶黄素含量最高，玉米黄质和 β-橙色素豆蔻酸酯次之；Re 阶段 β-橙色素月桂酸酯含量最高，其次是 β-橙色素豆蔻酸酯（表 3-3）。且这些类胡萝卜素在果实成熟过程中具有不同的变化模式，叶黄素的含量随果实发育急剧下降，而 3 种脱辅基类胡萝卜素（β-橙色素、β-橙色素月桂酸酯）和 β-橙色素豆蔻酸酯和一种叶黄素（玉米黄质）的含量随果实发育增加。

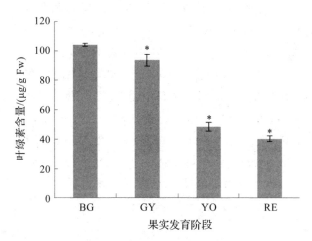

图 3-17　掌叶覆盆子果实发育过程中叶绿素含量变化

注：＊表示该阶段果实叶绿素含量和 BG 之间有显著差异（$p < 0.05$）。

对红树莓的研究结果表明,果实成熟过程中伴随着胡萝卜素的降解,脱辅基类胡萝卜素大量产生。树莓富含脱辅基类胡萝卜素,这是树莓香气的主要来源,而胡萝卜素含量较低(Beekwilder et al.,2008)。树莓类胡萝卜素成分多样:黄色和红色树莓成熟果实含大量游离叶黄素、酯化叶黄素(饱和脂肪酸)以及少量玉米黄质和八氢番茄红素(Carvalho et al.,2013)。掌叶覆盆子 Re 果实中 β-橙色素月桂酸酯含量占主导地位(10543.69μg/g Fw),其次是 β-橙色素豆蔻酸酯(1494.74μg/g Fw)、玉米黄质(1172.28μg/g Fw)和 β-橙色素(489.72μg/g Fw);而在未成熟果实中,叶黄素占主导地位(1450.86μg/g Fw),其次是 β-橙色素豆蔻酸酯(405μg/g Fw 和 405μg/g)玉米黄质(375.92μg/g Fw)(Li et al.,2021b)。类胡萝卜素(β-橙色素及其酯)和玉米黄质的变化趋势相似,因为它们有一个共同的上游途径。

3.6.2　掌叶覆盆子果实中类胡萝卜素生物合成过程

类胡萝卜素主要在质体中合成,其生物合成由三部分组成,即胡萝卜素、叶黄素和脱辅基类胡萝卜素的生物合成。在胡萝卜素生物合成过程中,主要的酶包括八氢番茄红素合酶(PSY)、八氢番茄红素去饱和酶(PDS)和 ζ-胡萝卜素去饱和酶(ZDS)、ζ-胡萝卜素异构酶(ZISO)、类胡萝卜素异构酶(CRTISO)和两种番茄红素环化酶(LCYE 和 LCYB)(图 3-18)。其中,PSY 是类胡萝卜素生物合成过程中第一个关键酶,其表达表现出组织特异性,且这种特异性与基因结构及进化起源无关。在枇杷中,PSY 同系物具有不同的催化活性和表达模式,EjPSY1 负责果皮中类胡萝卜素的合成,而 EjPSY2A 负责成熟果实果肉中类胡萝卜素的合成(Fu et al.,2014)。在柑橘中,CitPSY1 在花和叶中均有表达,且其在果实成熟期间的果皮和汁囊表皮中的表达逐渐增加(Ikoma et al.,2001)。在悬钩子属植物 *R. palmatus* 中,RubPSY 和 RubHYb 均随果实成熟表达增加(Mizuno et al.,2017)。掌叶覆盆子 PSY 包括 PSY1、PSY2 和 PSY3(Li et al.,2021b)。RcPSY2(CL1406.Contig2 和 CL1406.Contig3)unigenes/蛋白质在成熟过程中显著上调;相反,PSY1/3 unigenes 表达低,未检测到它们的蛋白质(表 3-7 和图 3-18)。说明 RcPSY2 可能特异性地参与果实类胡萝卜素的生物合成。

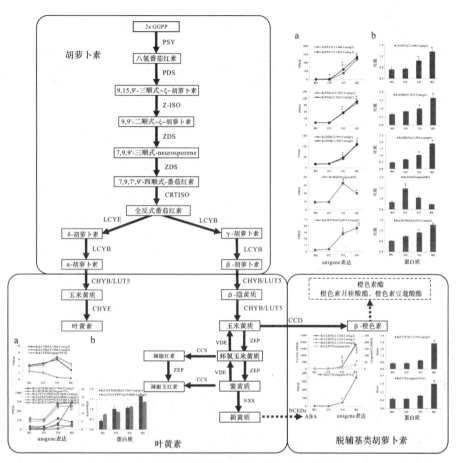

图 3-18　掌叶覆盆子类胡萝卜素生物合成途径。

注：* 表示该阶段表达量与 MG 之间存在显著差异（基因变化倍数＞2.00 或＜0.5 且 p＜0.05；蛋白变化倍数＞1.5 或＜0.67 和 p＜0.05）。

GGPP，牻牛儿基牻牛儿基二磷酸；CHYB/E，胡萝卜素环羟化酶；ZEP，玉米黄质环氧化酶；VDE，紫黄质深度氧化酶；NXS，新黄质合成酶；NCED，9-顺式-环氧类胡萝卜素双加氧酶；CCS 辣椒红素-辣椒玉红素合酶；CCD，类胡萝卜素裂解双加氧酶。

表 3-7　果实成熟过程中参与类胡萝卜素生物合成的 unigenes 和蛋白质表达的变化

基因	Unigenes BG 平均值	BG 标准差	GY 平均值	GY 标准差	YO 平均值	YO 标准差	Re 平均值	Re 标准差	分子量/kDa	覆盖率/%	特有蛋白	蛋白质 BG 平均值	BG 标准差	GY 平均值	GY 标准差	YO 平均值	YO 标准差	Re 平均值	Re 标准差
RcPSY2(CL1406.Contig2)	2.04	0.49	2.47	0.85	115.38	6.71*	367.01	7.10*	44.97	33.2	13	0.71	0.13	0.74	0.05	1.11	0.08*	1.53	0.11*
RcPSY2(CL1406.Contig3)	4.59	0.36	9.76	0.27*	182.79	19.36*	402.13	3.88*											
RcPSY1(CL6399.Contig2)	4.01	0.54	6.54	0.82	3.96	0.76	0.19	0.10*											
RcPSY1(CL6399.Contig3)	4.27	0.84	9.16	0.85*	3.59	0.21	0.44	0.17*											
RcPSY3(Unigene20385)	0.00	0.00	0.17	0.24	3.21	0.99*	3.84	1.96*											
RcPDS1(CL7625.Contig1)	11.14	1.42	10.33	0.97	54.88	2.21*	99.42	3.08*	69.57	19.7	1	0.66	0.11	0.84	0.05	1.01	0.01*	1.64	0.15*
RcPDS1(CL7625.Contig2)	10.85	1.51	10.86	1.16	57.06	2.86*	107.59	2.60*											
RcPDS2(Unigene36144)	2.89	1.45	4.23	0.85	21.71	2.64*	50.29	4.70*											
RcZDS1(CL590.Contig5)	21.30	0.54	22.43	1.67	50.86	2.16*	134.97	2.63*	62.96	30.8	15	0.48	0.01	0.71	0.02	1.04	0.01*	1.89	0.04*
RcZDS1(CL590.Contig6)	20.29	0.43	22.70	0.81	58.13	3.17*	129.21	5.74*											
RcZDS2(CL4893.Contig2)	1.85	0.31	2.89	0.13	3.36	0.26	1.99	0.65											
RcZISO1(Unigene886)	13.62	2.52	14.13	0.58	48.38	4.01*	30.01	1.00*	42.71	8.2	2	0.87	0.04	1.39	0.11*	1.04	0.04	0.79	0.03
RcZISO2(CL1248.Contig1)	7.37	0.93	7.68	0.53	3.74	1.02	2.51	0.81*											
RcZISO2(CL1248.Contig2)	4.30	0.92	5.89	0.37	4.07	0.51	2.47	0.62											
RcZISO2(CL1248.Contig7)	2.02	0.53	4.02	0.79	3.08	0.64	1.44	0.18											
RcZISO2(CL1248.Contig16)	8.52	1.12	12.20	0.51	7.87	0.73	3.37	0.42*											
RcZISO2(CL1248.Contig17)	8.79	0.84	10.23	1.68	6.24	1.10	4.13	0.91											
RcZISO2(Unigene22243)	7.96	0.89	6.42	0.02	12.97	0.30	8.84	0.74											
RcCRTISO1(CL6919.Contig2)	3.88	0.36	6.13	0.70	42.45	3.99*	55.05	9.89*	69.41	20.4	11	0.62	0.03	0.87	0.03	1.08	0.02*	1.51	0.02*
RcCRTISO2(Unigene22113)	1.12	0.41	1.39	0.53	0.55	0.22	0.25	0.16*											
RcCRTISO3(CL4742.Contig3)	1.27	0.16	2.04	0.37	2.64	0.42*	1.12	0.15											
RcCRTISO3(CL4742.Contig4)	0.74	0.57	1.64	0.72*	0.61	0.09	0.70	0.25											
RcCRTISO3(CL4742.Contig6)	0.67	0.17	1.42	0.19*	1.61	0.22*	0.76	0.12											
RcLCYE(Unigene19570)	2.47	0.78	1.97	0.47	0.63	0.13*	0.38	0.11*											
RcLCYB(CL7586.Contig2)	4.22	0.37	4.85	1.41	5.95	0.87	2.84	0.92*											
RcLCYB(CL7586.Contig1)	3.84	0.76	4.36	0.45	6.65	0.75*	4.55	0.70											
RcHYB/BCH(CL7966.Contig1)	14.20	1.85	14.14	1.54	152.75	4.48*	742.30	4.38*	33.57	9.3	2	0.42	0.09	1.02	0.1*	1.07	0.07*	1.66	0.14*
RcHYB/BCH(Unigene791)	2.66	0.24	2.48	0.53	26.41	3.03*	128.03	9.50*											

续表

| | Unigenes | | | | | | | | | | | 蛋白质 | | | | | | | |
| | BG | | GY | | YO | | Re | | 分子量/kDa | 覆盖率/% | 特有蛋白 | BG | | GY | | YO | | Re | |
	平均值	标准差	平均值	标准差	平均值	标准差	平均值	标准差				平均值	标准差	平均值	标准差	平均值	标准差	平均值	标准差
RcCHYB/BCH(Unigene10377)	0.08	0.12	0.24	0.17	0.26	0.11	0.66	0.59											
RcLUT5/CYP97A(CL8884, Contig1)	10.51	1.62	9.67	0.61	25.39	1.88*	26.64	4.27*											
RcLUT5/CYP97A(CL8884, Contig3)	8.19	1.29	8.40	1.07	22.78	2.13*	23.11	3.34*	68.83	25.7	12	0.74	0.03	0.86	0	1.13	0.02*	1.35	0.01*
RcLUT5/CYP97A(CL2410, Contig1)	4.13	0.42	4.46	1.00	8.10	1.03*	6.05	0.15*											
RcLUT5/CYP97A(CL2410, Contig3)	0.00	0.00	0.24	0.33*	0.40	0.57*	0.18	0.25											
RcCHYE/CYP97C(CL9380, Contig1)	2.93	0.42	2.89	0.36	10.88	0.23*	7.22	0.37*											
RcCHYE/CYP97C(CL9380, Contig2)	1.98	0.38	1.20	0.29	4.06	0.27*	2.73	0.58											
RcZEP1(Unigene14581)	2.10	0.21	2.20	0.32	6.12	0.45*	1.56	0.67											
RcZEP2(CL5152, Contig1)	8.41	0.51	10.23	1.77	10.65	0.37	5.72	1.61											
RcZEP2(CL5152, Contig2)	8.17	0.57	11.12	0.78	9.95	1.21	5.49	1.30											
RcZEP3(CL1097, Contig14)	0.45	0.16	1.24	0.38*	1.26	0.73	2.90	0.91*											
RcZEP3(CL1097, Contig13)	0.10	0.12	0.51	0.11*	0.17	0.15	0.35	0.37											
RcZEP3(CL1097, Contig8)	0.00	0.00	0.05	0.07	0.76	0.58*	1.34	0.77*											
RcVDE1(Unigene14529)	1.88	0.50	2.14	0.60	3.73	0.51*	1.48	0.55	54.72	10.2	4	0.8	0.02	1.12	0.04	1.08	0.05	1.02	0.01
RcVDE2(CL1848, Contig1)	2.43	0.67	2.50	0.25	3.41	0.11	2.78	0.38											
RcVDE2(CL1848, Contig2)	2.12	0.26	2.46	0.52	3.65	0.39	2.38	0.28											
RcVDE2(CL1848, Contig3)	0.10	0.15	1.09	0.43*	0.89	0.46*	0.76	0.46*											
RcCCS(Unigene14743)	11.27	0.97	7.84	1.10	94.32	5.86*	702.81	18.71*	56.17	31.9	11	0.72	0.11	0.71	0.06	0.94	0.01	1.8	0.16*
RcCCD7(CL1310, Contig2)	0.10	0.09	0.18	0.13	161.17	19.17*	1805.43	53.86*											
RcCCD7(CL1310, Contig3)	1.01	0.29	1.08	0.40	146.69	20.87*	1727.56	51.37*	69.84	37.1	19	0.51	0.06	0.53	0.11	0.77	0.04*	2.32	0.19*
RcCCD7(CL1310, Contig4)	1.62	0.22	2.36	0.54	12.26	1.21*	173.46	5.93*											
RcCCD7(Unigene6452)	0.71	0.26	0.33	0.10	9.30	2.08*	30.67	0.32*											
RcCCD4(CL2877, Contig1)	0.27	0.39	1.73	0.52*	0.00	0.00*	0.00	0.00*											
RcCCD4(CL2877, Contig2)	4.50	0.93	1.38	0.95*	0.87	0.03*	0.41	0.19*											
RcNCED1(Unigene24826)	6.78	1.23	10.14	2.92	11.01	5.99	7.75	4.93											
RcNCED3(Unigene14549)	2.10	0.07	1.58	0.52	0.20	0.06*	0.67	0.22*											

注：* 表示基因差异大于 2 倍或小于 0.5，或表示蛋白质差异大于 1.5 倍或小于 0.67（$p < 0.05$）；表中空白表示未检测到蛋白质或蛋白质含量很低。

此后,在两种去饱和酶 PDS 和 ZDS 的作用下,八氢番茄红素被去饱和(图 3-18)。PDS 和 ZDS 的不同成员也具有组织表达特异性。在拟南芥中,$pds1$ 和 $pds2$ 突变体表现出白化表型,而 $pds3$ 突变体表现出白化和矮化表型,并对类胡萝卜素、叶绿素和赤霉素(GA)生物合成途径中的多数基因具有抑制作用(Qin et al.,2007)。在甜橙中,两种 PDS 在果皮和汁囊中都显示出组织特异性表达模式。果肉汁囊中的 PDS 转录本在幼果时表达水平较低,而在果实成熟时表达水平较高,且其在果皮中的水平在整个成熟过程中保持不变(Chen et al.,2010a)。在柑橘中,一种叶/叶绿体特异性的 ZDS 在幼叶中强烈表达,但在整个果实成熟过程中保持不变。而另一种果实/有色体特异性的 ZDS 则对果实叶绿体发育影响较小,对果实有色体中类胡萝卜素的积累至关重要(Rodrigo et al.,2003,2004)。在胡萝卜中,$ZDS1$ 和 $ZDS2$ 的编码区具有 91.3% 的相似性,却仍显示出组织表达特异性:$ZDS1$ 在叶片发育过程中特异性地表达下调,但在根发育过程中几乎不表达;而 $ZDS2$ 在成熟植物的叶片和贮藏根中均被诱导表达(Flores-Ortiz et al.,2020)。掌叶覆盆子 PDS 含 $PDS1$ 和 $PDS2$,在系统发育上分为 2 个分支(Li et al.,2021b)。RcPDS1(CL7625.Contig1/2)和 RcPDS2(Unigene36144)的 unigenes/蛋白质在果实成熟期间均显著增加(表 3-7 和图 3-18)。掌叶覆盆子 ZDS 包含 ZDS1 和 ZDS2,在系统发育上分为 2 个分支(Li et al.,2021b)。RcZDS1(CL590.Contig4、CL590.Contig5 和 CL590.Contig6)unigenes/蛋白质在成熟过程中均显著上调;而 RcZDS2(CL4893.Contig2)unigene 表达水平很低,未检测到相应蛋白质(表 3-7 和图 3-19)。可见,掌叶覆盆子 RcPDS1 和 RcZDS1 unigenes/蛋白质在果实成熟过程中均表现出上调趋势,从而启动了类胡萝卜素生物合成的上游途径。

接着,去饱和的八氢番茄红素在两种异构酶(ZISO 和 CRTISO)的作用下,转化成番茄红素(图 3-18)。在番茄和玉米中,$ZISO$ 突变体植物的类胡萝卜素含量降低(Chen et al.,2010b)。在柑橘果实成熟过程中,PTOX/ZISO 的表达与 PDS 和 ZDS 的表达同时增加(Alquezar et al.,2008;Rodrigo et al.,2004)。在掌叶覆盆子中,3 个 ZISO 同源蛋白大致分为两个主要分支,RcZISO1 和 RcZISO2(Li et al.,2021b)。RcZISO1(Unigene886)unigene 和蛋白质在果实成熟期间先上调,在 GY 或 YO 阶段达到峰值,在 Re 阶段下降;RcZISO2 unigenes 低水平表达,未检测到相应的蛋白质(表 3-7 和图 3-18)。在拟南芥 CRTISO1(At1g06820)和 CRTISO2(At1g57770)中,只有 $CRTISO1$ 被证明编码功能性类胡萝卜素异构酶(Park et al.,2002)。在柑橘果实成熟期间,果皮中 CitCRTISO 编码基因的表达保持低水平甚至下降(Kato et al.,2004)。掌叶覆盆子 3 个 CRTISO 同源蛋白在系统发育上分为 3 个分支，RcCRTISO1、RcCRTISO2 和 RcCRTISO3（Li et al.，2021b）；RcCRTISO1（CL6919.Contig2）unigene 和蛋白质在果实成熟过程中显著上调；RcCRTISO2/3 unigenes 的表达水平很低，没有检测到它们的蛋白质（表 3-7 和图 3-18）。总之，掌叶覆盆子果实参与胡萝卜素生物合成的 unigenes/蛋白质表达模式各有差异。例如，RcPSY2、RcPDS1、RcZDS1、RcZISO1 和 RcCRTISO1 的 unigenes/蛋白质在果实成熟过程中显著上调，而其他基因保持在低表达水平。这些 unigenes/蛋白质的上调可能在加速胡萝卜素生物合成方面发挥重要作用。

番茄红素环化酶的两个旁系同源蛋白（LCYB/LCYE）是植物类胡萝卜素生成的关键调控分支点，决定了番茄红素环化对 β，ε-分支和 β，β-分支的调控（Klassen，2010）。LCYB/LCYE 的多个成员也表现出组织表达特异性。在番茄中，随着果实成熟，LCYB/LCYE 的 mRNA 减少到几乎检测不到的水平（Ronen et al.，1999）。在柑橘中，LCYE 转录物在从叶绿体到色质体的转变过程中被下调，LCYB 是组成型表达或表达轻微上调（Alquezar et al.，2008；Kato et al.，2006）。在两个西柚品种 Marsh（白果肉）和 Flame（红果肉）中，LCYB 具有完全不同的作用（一个几乎为零）。在猕猴桃中，LCYB 的表达与总类胡萝卜素和 β-胡萝卜素的积累有关（Ampomah-Dwamena et al.，2009）。在掌叶覆盆子中，LCYE/B（Unigene19570，CL9380.Contig1/2）的表达出乎意料的低，这可能是由于它们在胡萝卜素生成的分支点受到严格调控。值得注意的是，LCYE unigene 的表达在整个果实成熟过程中被下调，而 RcLCYB unigene 先上调，后下调（表 3-7 和图 3-18）。CHYE 主要负责 α-胡萝卜素的 β，ε-环羟基化，而 CHYB 主要负责 β-胡萝卜素的 β，β-环羟基化（Ruiz-Sola et al.，2012）。不同的表达可能导致从 β，ε-环羟基化到 β，β-环羟基化的转变，从而引起叶黄素减少、玉米黄质增加。

在叶黄素生物合成的过程中，主要的酶包括 CHY、ZEP、VDE 和 CCS（图 3-18）。掌叶覆盆子的 6 个 CHY 同源蛋白在系统发育上分为 3 个分支 CHYB/BCH、LUT5/CYP97A 和 CHYE/CYP97C（Li et al.，2021b）。RcCHYB/BCH（CL7966.Contig1 和 Unigene791）和 RcLUT5/CYP97A（CL8884.Contig1 和 CL8884.Contig3）unigenes/蛋白质在果实成熟过程中都显著上调（表 3-7 和图 3-18）。而 RcCHYE/CYP97C（CL9380.Contig1 和 CL9380.Contig2）unigenes 的表达水平相对较低，未检测到它们的蛋白质（表 3-7）。掌叶覆盆子 VDE 和 ZEP 同源蛋白在系统发育上分别分为 2 个和 3 个分支（Li et al.，2021b）。RcZEP 和 RcVDE unigenes 在整个成熟过程中以相对较低的水平表达，且未检测到它们的

蛋白质(表 3-7)。RcCCS(Unigene14743) unigene 和蛋白质在果实成熟过程中显著上调(表 3-7 和图 3-18)。RcCHYE 和 RcCHYB unigene/蛋白质的差异表达降低了 β,β-环羟基化,同时促进了 β,ε-环羟基化。RcZEP 和 RcVDE 的低表达抑制了玉米黄质向环氧玉米黄质和紫黄质的转化。在类胡萝卜素合成途径中,CCS 是另一种环化酶,可以将环氧玉米黄质和紫黄质分别转化为辣椒红素和辣椒玉红素。在黄辣椒中,两个 CCS 基因负责黄色形成(Ha et al.,2007)。在柑橘中,研究人员仅鉴定了一个 CCS 基因(Chen et al.,2010a),其在果皮和汁囊中高度表达,但在叶子中几乎没有表达(Wei et al.,2014)。同样,掌叶覆盆子仅有的一个 CCS 基因在果实成熟过程中上调表达。

在脱辅基类胡萝卜素生物合成过程中,植物类胡萝卜素裂解加氧酶(CCO)是一种参与将类胡萝卜素催化为脱辅基类胡萝卜素的酶,包括 CCD(类胡萝卜素裂解双加氧酶)和 NCED(9-顺式环氧类胡萝卜素双加氧酶)两大类。掌叶覆盆子 3 个 NCED 同源蛋白在进化上归到 4 个分支中的 3 个,即 NCED3、NCED2/5 和 NCED6,1 个 CCD 同源蛋白归到 CCD4 分支(Li et al.,2021b)。然而,这些 unigenes 的表达水平相对较低,并且在果实成熟过程中未检测到它们的蛋白质。其他 CCD 同源蛋白都被指定为一个分支"CCD7"。RcCCD7(CL1310.Contig2、CL1310.Contig3、CL1310.Contig4)unigenes/蛋白质在成熟过程中均显著上调(表 3-7 和图 3-18)。RcCCD7 unigene/蛋白质的上调与脱辅基类胡萝卜素生物合成(例如,β-橙色素及其酯)增加有关。在拟南芥中,CCD 裂解多种反式类胡萝卜素底物,NCED 参与 ABA 生物合成(Sun et al.,2008)。在植物中,CCD1 和 CCD4 主要参与类胡萝卜素的生物合成,这有助于果实和花卉风味和香气的形成(Auldridge et al.,2006)。CCD7 和 CCD8 参与独脚金内酯的生物合成,独脚金内酯作为生长调节剂控制着枝条分枝(Kohlen et al.,2012)。在番茄中,与对照相比,SlCCD8 沉默的植物具有更小的花器官、果实、种子和更少的种子(Kohlen et al.,2012)。在莲藕中,转基因 LjCCD7 沉默明显影响植物的生长、繁殖、衰老和结瘤(Liu et al.,2013)。在无花果中,FcCCD1A 具有 9,10(9′,10′)双键环化的特异性,使类胡萝卜素转化生成 α-和 β-紫罗兰酮;而 FcCCD1B 裂解番茄红素和 δ-胡萝卜素的无环部分,生成 6-甲基-5-庚烯-2-酮(Nawade et al.,2020)。在柑橘中,CitNCED2 和 CitNCED3 在 11,12 位切割 9-顺式紫黄质,形成黄嘌呤,即 ABA 的前体(Kato et al.,2006),而 CitCCD4 在 7,8 或 7′8′位切割 β-隐黄质和玉米黄质,生成 β-橙色素和反式-β-8′-胡萝卜醛(Ma et al.,2013)。掌叶覆盆子 RcNCED 和 RcCCD4 的 unigenes 在果实成熟期间均保持低表达,而 RcCCD7 unigenes/蛋白质显著上调(图 3-18)。这些结果表明 RcCCD7 可能参与了掌叶覆盆子果实成熟过

程中 β-橙色素的生物合成,从而使覆盆子呈现红色。

玉米黄质由 ZEP 作用转化为紫黄质,而逆反应由 VDE 催化,称为"叶黄素循环"(Hieber et al.,2000)。在我们的研究中,掌叶覆盆子 RcVDE 和 RcZEP 同源蛋白在系统发育上分别分为 2 个和 3 个分支,这表明它们的功能可能不同(Li et al.,2021b)。有趣的是,RcVDE 和 RcZEP unigenes 的表达水平非常低。因此,它阻碍了从玉米黄质到环氧玉米黄质转化,而反过来又促进了从玉米黄质到 β-橙色素的转化。此外,VDE 和 ZEP 可能主要在光合组织(如叶片)中有活性以进行光保护,而不是在非光合组织(如果实)中表现出活性。

3.7　掌叶覆盆子果实成熟软化的分子机制

掌叶覆盆子鲜果美味可口,药食同源,但极不耐贮藏,货架期很短,研究其成熟软化机制可为科学保鲜提供科学依据。分析转录组测序结果,筛选出系列果实成熟软化相关基因,可为分子育种奠定基础。

果实的成熟和软化,是果实发育进程中的两个阶段,这期间会发生一系列复杂的生理生化变化,主要是细胞壁和中胶层的降解,在此过程中多聚半乳糖醛酸酶(PG)、果胶酯酶(PME)、果胶裂解酶及细胞壁蛋白(如膨胀素等)起着相互协调的作用(Valenzuela-Riffo et al.,2020;Ren et al.,2023)。我们对开花后 21d(大绿)、42d(青转黄)、48d(黄转橙色)和 54d(红色)四个阶段的果实进行转录组测序,共筛选到果胶甲酯酶编码基因 18 个、果胶裂解酶编码基因 40 个、纤维素酶编码基因 24 个、多聚半乳糖醛酸酶编码基因 5 个、膨胀素编码基因 41 个、乙烯相关基因 32 个、赤霉素相关基因 135 个、生长素相关基因 9 个、脱落酸相关基因 3 个、糖类相关代谢酶基因 12 个等(图 3-19)。其中,果胶裂解酶编码基因 LG02.1952,果胶甲酯酶编码基因 LG06.1599、LG05.1838 和 LG05.1540,半乳糖醛酸酶编码基因 LG02.1835 和 LG01.1356,内切葡聚糖酶编码基因 LG02.3594、LG05.1136 和 LG06.1026,β 葡聚糖苷酶编码基因 LG07.2946,木葡聚糖内转葡糖基酶(XET)编码基因 LG04.376 和膨胀素编码基因 LG03.4886 等在果实成熟时强烈表达。后续我们将进一步克隆这些基因,进行深入的功能分析。

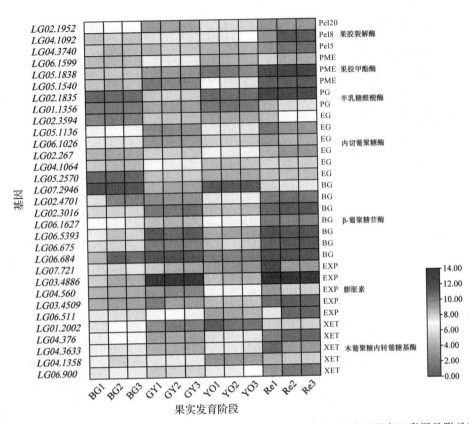

图 3-19　掌叶覆盆子果实发育过程中细胞壁相关基因表达变化(转录组测序)(彩图见附录)

注:果实采自 L7 株系。

参考文献

陈清,江雷雨,王燕,张云婷,王小蓉,汤浩茹,2015.黑莓糖基转移酶基因 *UGT78H2* 的分离鉴定及与类黄酮化合物的分子对接[J].植物研究,35(2):270-278.

国家药典委员会,2015.中华人民共和国药典(一部)[M].北京:中国医药科技出版社:382.

石佳,巫明慧,康帅,张南平,马双成,2022.覆盆子的性状和显微鉴定研究与数字化表征[J].中国药学杂志,57(6):420-427.

孙平,章国营,向萍,林金科,赖钟雄,2018.茶树中莽草酸途径 *DHD/SDH* 基因的表达调控[J].应用与环境生物学报,24:322-327.

吴叶青,张锴,金小岚,2020.德兴市农业气候变化及其对覆盆子产量的影响[J].气象与减灾研究,43(2):144-148.

闫翠香,邵小明,2019.德兴覆盆子花芽分化及开花物候期观察[J].福建农业学报,34(3):319-325.

余丽焓,申屠望楠,鲍洁,吕雨晴,许海丹,2017.不同产地覆盆子中总酚含量的比较[J].食品与发酵科技,53(3):85-88,112.

张珂,王德群,蒋慧莲,2011.掌叶覆盆子果实发育[J].安徽中医学院学报,30(4):70-72.

Alquezar B,Rodrigo MJ,Zacarias L,2008. Regulation of carotenoid biosynthesis during fruit maturation in the red-fleshed orange mutant Cara Cara[J]. Phytochemistry,69:1997-2007.

Ampomah-Dwamena C,McGhie T,Wibisono R,Montefiori M,Hellens RP,Allan AC,2009. The kiwifruit lycopene beta-cyclase plays a significant role in carotenoid accumulation in fruit[J]. J Exp Bot,60:3765-3779.

Auldridge ME,McCarty DR,Klee HJ,2006. Plant carotenoid cleavage oxygenases and their apocarotenoid products[J]. Curr Opin Plant Biol,9:315-321.

Beekwilder J,van der Meer IM,Simic A,Uitdewilligen J,van Arkel J,de Vos RCH,Jonker H,Verstappen FWA,Bouwmeester HJ,Sibbesen O,Qvist I,Mikkelsen JD,Hall RD,2008. Metabolism of carotenoids and apocarotenoids during ripening of raspberry fruit[J]. BioFactors,34(1):57-66.

Belwal T,Pandey A,Bhatt ID,Rawal RS,Luo ZS,2019. Trends of polyphenolics and anthocyanins accumulation along ripening stages of wild edible fruits of Indian Himalayan region[J]. Sci Rep,9:5894.

Bobinaite R,Viskelis P,Venskutonis PR,2012. Variation of total phenolics,anthocyanins,ellagic acid and radical scavenging capacity in various raspberry(*Rubus* spp.)cultivars[J]. Food Chem,132,1495-1501.

Bovy A,de Vos R,Kemper M,Schijlen E,Almenar Pertejo M,Muir S,Collins G,Robinson S,Verhoeyen M,Hughes S,Santos-Buelga C,van Tunen A,2002. High-favonol tomatoes resulting from the heterologous expression of the maize transcription factor genes *LC* and *Cl*[J]. Plant Cell,14:2509-2526.

Carvalho E,Fraser PD,Martens S,2013. Carotenoids and tocopherols in yellow and red raspberries[J]. Food Chem,139:744-752.

Chen CX,Costa MGC,Yu QB,Moore GA,Gmitter FG,2010a. Identification of novel members in sweet orange carotenoid biosynthesis gene families[J]. Tree Genet Genomes,6:905-914.

Chen L,Xin X,Zhang H,Yuan Q,2013. Phytochemical properties and antioxidant capacities of commercial raspberry varieties[J]. J Funct Foods,5:508-515.

Chen Q, Liu XJ, Hu YY, Sun B, Hu YD, Wang XR, Tang HR, Wang Y, 2018. Transcriptomic profiling of fruit development in black raspberry *Rubus coreanus*[J]. Int J Genom:8084032.

Chen Q, Yu H, Tang H, Wang X, 2012. Identification and expressionanalysis of genes involved in anthocyanin and proanthocyanidin biosynthesis in the fruit of blackberry [J]. Sci Hortic,141:61-68.

Chen Y, Chen ZQ, Guo QW, Gao XD, Ma QQ, Xue ZH, Ferri N, Zhang M, Chen HX, 2019. Identification of ellagitannins in the unripe fruit of *Rubus chingii* Hu and evaluation of its potential antidiabetic activity[J]. J Agric Food Chem,67:7025-7039.

Chen Y, Li FQ, Wurtzel ET, 2010b. Isolation and characterization of the Z-ISO gene encoding a missing component of carotenoid biosynthesis in plants[J]. Plant Physiol, 153:66-79.

Chen Y, Xu LL, Wang YJ, Chen ZQ, Zhang M, Panichayupakaranant P, Chen HX, 2020. Study on the active polyphenol constituents in differently colored *Rubus Chingii* Hu and the structure-activity relationship of the main ellagitannins and ellagic acid[J]. LWT-Food Sci Technol,121:108967.

Chen Z, Jiang JY, Shu LZ, Li XB, Huang J, Qian BY, Wang XY, Li X, Chen JX, Xu HD,2021. Combined transcriptomic and metabolic analyses reveal potential mechanism for fruit development and quality control of Chinese raspberry(*Rubus chingii* Hu)[J]. Plant Cell Rep,40:1923-1946.

Fait A, Hanhineva K, Beleggia R, Dai N, Rogachev I, Nikiforova VJ, Fernie AR, Aharoni A, 2008. Reconfiguration of the achene and receptacle metabolic networks during strawberry fruit development[J]. Plant Physiol,148:730-750.

Fernandez-Moreno JP, Tzfadia O, Forment J, Presa S, Rogachev I, Meir S, Orzaez D, Aharoni A, Granell A,2016. Characterization of a new pink-fruited tomato mutant results in the identification of a null allele of the SlMYB12 transcription factor[J]. Plant Physiol,171:1821-1836.

Flores-Ortiz C, Alvarez LM, Undurraga A, Arias D, Durán F, Wegener G, Stange C, 2020. Differential role of the two ζ-carotene desaturase paralogs in carrot (*Daucus carota*): ZDS1 is a functional gene essential for plant development and carotenoid synthesis[J]. Plant Sci,291:110327.

Fossen T, Rayyan S, Andersen OM, 2004. Dimeric anthocyanins from strawberry (*Fragaria ananassa*) consisting of pelargonidin 3-glucoside covalently linked to four flavan-3-ols[J]. Phytochemistry,65:1421-1428.

Fraser PD, Truesdale MR, Bird CR, Schuch W, Bramley PM, 1994. Carotenoid biosynthesis during tomato fruit development (evidence for tissue-specific gene expression)[J]. Plant Physiol,105:405-413.

Fu X, Feng C, Wang C, Yin X, Lu P, Grierson D, Xu C, Chen K,2014. Involvement of multiple phytoene synthase genes in tissue- and cultivar-specific accumulation of carotenoids in loquat[J]. J Exp Bot,65:4679-4689.

Garcia-Seco D, Zhang Y, Gutierrez-Mañero FJ, Martin C, Ramos-Solano B,2015. RNA-Seq analysis and transcriptome assembly for blackberry(*Rubus* sp. Var. Lochness) fruit[J]. BMC Genom,16:5.

Gevrenova R, Badjakov I, Nikolova M, Doichinova I,2013. Effect of m-calpain in PKCα-mediated proliferation of pulmonary artery smooth muscle cells by low dose of ouabain [J]. Biochem Syst Ecol,50,419-427.

Giribaldi M, Perugini I, Sauvage FX, Schubert A,2007. Analysis of protein changes during grape berry ripening by 2-DE and MALDI-TOF[J]. Proteomics,7:3154-3170.

González-Paramás AM, da Silva FL, Martín-López P, Macz-PopG, González-Manzano S, Alcalde-Eon C, Pérez-Alonso JJ, Escribano-Bailón MT, Rivas-Gonzalo JC, Santos-Buelga C,2006. Flavanol-anthocyanin condensed pigments in plant extracts[J]. Food Chem,94,428-436.

Guo J, Carrington Y, Alber A, Ehlting J,2014. Molecular characterization of quinate and shikimate metabolism in Populus trichocarpa[J]. J Biol Chem,289:23846-23858.

Gutierrez E, García-Villaraco A, Lucas JA, Gradillas A, Gutierrez-Maäero FJ, Ramos-Solano B, 2017. Transcriptomics, targeted metabolomics and gene expression of blackberry leaves and fruits indicate flavonoid metabolic flux from leaf to red fruit[J]. Front Plant Sci,8:Article 472.

Ha SH, Kim JB., Park JS, Lee SW, Cho KJ,2007. A comparison of the carotenoid accumulation in *Capsicum varieties* that show different ripening colours: deletion of the capsanthin-capsorubin synthase gene is not a prerequisite for the formation of a yellow pepper[J]. J Exp Bot,58:3135-3144.

Hieber AD, Bugos RC, Yamamoto HY,2000. Plant lipocalins: violaxanthin de-epoxidase and zeaxanthin epoxidase[J]. Biochim Biophys Acta,1482:84-91.

Hofmann T, Glabasnia A, Schwarz B, Wisman KN, Gangwer KA, Hagerman AE,2006. Protein binding and astringent taste of a polymeric procyanidin, 1,2,3,4,6-penta-*O*-galloyl-beta-D-glucopyranose, castalagin, and grandinin[J]. J Agric Food Chem,54: 9503-9509.

Hyun TK, Lee S, Rim Y, Kumar R, Han X, Lee SY, Lee CH, Kim JY,2014. De-novo RNA sequencing and metabolite profiling to identify genes involved in anthocyanin biosynthesis in Korean black raspberry（*Rubus coreanus* Miquel）［J］. PLoS One，9：e88292.

Ikoma Y，Komatsu A，Kita M，Ogawa K，Omura M，Yano M，Moriguchi T，2001. Expression of a phytoene synthase gene and characteristic carotenoid accumulation during citrus fruit development［J］. Physiol Plantarum，111：232-238.

Jaakkola M，Korpelainen V，Hoppula K，Virtanena V，2012. Chemical composition of ripe fruits of *Rubus chamaemorus* L. grown in different habitats. J Sci Food Agric，92：1324-1330.

Kato M，Ikoma Y，Matsumoto H，Sugiura M，Hyodo H，Yano M，2004. Accumulation of carotenoids and expression of carotenoid biosynthetic genes during maturation in citrus fruit［J］. Plant Physiol，134：824-837.

Kato M，Matsumoto H，Ikoma Y，Okuda，H，Yano M，2006. The role of carotenoid cleavage dioxygenases in the regulation of carotenoid profiles during maturation in citrus fruit［J］. J Exp Bot，57（10）：2153-2164.

Kaume L，Howard LR，Devareddy L，2012. The blackberry fruit：a review on its composition and chemistry，metabolism and bioavailability，and health benefits［J］. J Agric Food Chem，60：5716-5727.

Klassen JL，2010. Phylogenetic and evolutionary patterns in microbial carotenoid biosynthesis are revealed by comparative genomics［J］. PLoS One，5：e11257.

Kohlen W，Charnikhova T，Lammers M，Pollina T，Tóth P，Haider I，Pozo MJ，de Maagd RA，Ruyter-Spira C，Bouwmeester HJ，López-Ráez JA，2012. The tomato CAROTENOID CLEAVAGE DIOXYGENASE8（*SlCCD8*）regulates rhizosphere signaling，plant architecture and affects reproductive development through strigolactone biosynthesis［J］. New Phytologist，196：535-547.

Kool MM，Comeskey DJ，Cooney JM，McGhie TK，2010. Structural identification of the main ellagitannins of a boysenberry（*Rubus loganbaccus* × *baileyanus* Britt.）extract by LC-ESI-MS/MS，MALDI-TOF-MS and NMR spectroscopy［J］. Food Chem，119，1535-1543.

Kresty LA，Morse MA，Morgan C，Carlton PS，Lu J，Gupta A，Blackwood M，Stoner GD，2001. Chemoprevention of esophageal tumorigenesis by dietary administration of lyophilized black raspberries［J］. Cancer Res，61：6112-6119.

Kumar A，Ellis BE，2001. The phenylalanine ammonia-lyase gene family in raspberry. Structure，expression and evolution［J］. Plant Physiol，127：230-239.

Li X，Jin L，Pan X，Yang L，Guo W，2019. Proteins expression and metabolite profile insight into phenolic biosynthesis during highbush blueberry fruit maturation［J］. Food

Chem,290,216-228.

Li XB, Sun J, Chen Z, Jiang JY, Jacksone A, 2021a. Characterization of carotenoids and phenolics during fruit ripening of Chinese raspberry(*Rubus chingii* Hu)[J]. RSC Adv, 11:10804-10813.

Li XB, Jiang JY, Chen Z, Jackson Aaron, 2021b. Transcriptomic, proteomic and metabolomic analysis of flavonoid biosynthesis during fruit maturation in *Rubus chingii* Hu[J]. Front Plant Sci,12:Article 706667.

Liu H, Mao J, Yan S, Yu Y, Xie L, Hu JG, Li T, Abbasi AM, Guo X, Liu RH, 2018. Functional properties of Chinese yam(*Dioscorea opposita* Thunb. cv. Baiyu) soluble protein[J]. Int J Food Sci Tech,53:381-388.

Liu J, Novero M, Charnikhova T, Ferrandino A, Schubert A, Ruyter-Spira C, Bonfante P, Lovisolo C, Bouwmeester HJ, Cardinale F, 2013. Carotenoid cleavage dioxygenase 7 modulates plant growth, reproduction, senescence, and determinate nodulation in the model legume *Lotus japonicus*[J]. J Exp Bot,64:1967-1981.

Ma G, Zhang L, Matsuta A, Matsutani K, Yamawaki K, Yahata M, Wahyudi A, Motohashi R, Kato M, 2013. Enzymatic formation of β-citraurin from β-cryptoxanthin and zeaxanthin by carotenoid cleavage dioxygenase4 in the flavedo of citrus fruit[J]. Plant Physiol,163,682-695.

Määttä-Riihinen K R, Kamal-Eldin A, Törrönen AR, 2004. Identification and quantification of phenolic compounds in berries of Fragaria and *Rubus* species(family Rosaceae)[J]. J Agric Food Chem,52:6178-6187.

McDougall GJ, Martinussen I, Junttila O, Verrall S, Stewart DJ, 2011. Assessing the influence of genotype and temperature on polyphenol composition in cloudberry(*Rubus chamaemorus* L.) using a novel mass spectrometric method[J]. J Agric Food Chem, 59:10860-10868.

Mehrtens F, Kranz H, Bednarek P, Weisshaar B, 2005. The *Arabidopsis* transcription factor MYB12 is a favonol-specifc regulator of phenylpropanoid biosynthesis[J]. Plant Physiol,138:1083-1096.

Mizuno K, Tokiwano T, Yoshizawa Y, 2017. Gene expression analysis of enzymes of the carotenoid biosynthesis pathway involved in beta-cryptoxanthin accumulation in wild raspberry, *Rubus palmatus*[J]. Biochem Biophys Res Commun,484:845-849.

Nawade B, Shaltiel-Harpaz L, Yahyaa M, Bosamia TC, Kabaha A, Kedoshim R, Zohar M, Isaacson T, Ibdah M, 2020. Analysis of apocarotenoid volatiles during the development of *Ficus carica* fruits and characterization of carotenoid cleavage dioxygenase genes[J]. Plant Sci,290:110292.

Ossipov V, Salminen JP, Ossipova S, HaukiojaE, Pihlaja K, 2003. Gallic acid and hydrolysable tannins are formed in birch leaves from an intermediate compound of the shikimate pathway[J]. Biochem Syst Ecol,31:3-16.

Park H, Kreunen SS, Cuttriss AJ, DellaPenna D, Pogson BJ, 2002. Identification of the carotenoid isomerase provides insight into carotenoid biosynthesis, prolamellar body formation, and photomorphogenesis[J]. Plant cell,14:321-332.

Ponder A, Hallmann E, 2019. The effects of organic and conventional farm management and harvest time on the polyphenol content in different raspberry cultivars[J]. Food Chem,301:125295.

Qin G, Gu H, Ma L, Peng Y, Deng XW, Chen Z, Qu LJ, 2007. Disruption of phytoene desaturase gene results in albino and dwarf phenotypes in *Arabidopsis* by impairing chlorophyll, carotenoid, and gibberellin biosynthesis[J]. Cell Res,17:471-482.

Remy-Tanneau S, Le Guernevé C, Meudec E. , Cheynier V, 2003. Characterization of a colorless anthocyanin-flavan-3-ol dimer containing both carbon-carbon and ether interflavanoid linkages by NMR and mass spectrometry[J]. J Agric Food Chem,51: 3592-3597.

Ren Y, Li B, Jia H, Yang X, Sun Y, Shou J, Jiang G, Shi Y, Chen K, 2023. Comparative analysis of fruit firmness and genes associated with cell wall metabolisms in three cultivated strawberries during ripening and postharvest[J]. Food Qual Safe,7:1-9.

Rodrigo MJ, Marcos JF, Alférez F, Mallent MD, Zacarías L, 2003. Characterization of Pinalate, a novel *Citrus sinensis* mutant with a fruit-specific alteration that results in yellow pigmentation and decreased ABA content[J]. J Exp Bot,54:727-738.

Rodrigo MJ, Marcos JF, Zacarías L, 2004. Biochemical and molecular analysis of carotenoid biosynthesis in flavedo of orange(*Citrus sinensis* L.) during fruit development and maturation[J]. J Agr Food Chem,52:6724-6731.

Ronen G, Cohen M, Zamir D, Hirschberg J, 1999. Regulation of carotenoid biosynthesis during tomato fruit development: expression of the gene for lycopene epsilon-cyclase is down-regulated during ripening and is elevated in the mutant Delta[J]. Plant J,17:341- 351.

Routaboul JM, Dubos C, Bech G, Marquis C, Bidzinsiki P, Loudet O, Lepiniec L, 2012. Metabolite profling and quantitative genetics of natural variation for favonoids in *Arabidopsis*[J]. J Exp Bot,63:3749-3764.

Ruiz-Sola M, Rodríguez-Concepción M, 2012. Carotenoid biosynthesis in *Arabidopsis*: a colorful pathway[J]. Arabidopsis Book,10:e0158.

Saito K, Yonekura-Sakakibara K, Nakabayashi R, Higashi Y, Yamazaki M, Tohge T,

Fernie AR,2013. The flavonoid biosynthetic pathway in *Arabidopsis*: structural and genetic diversity[J]. Plant Physiol Bioch,72:21-34.

Seeram NP, Aronson WJ, Zhang Y, Henning SM, Moro A, Lee RP, Sartippour M, Harris DM, Rettig M, Suchard MA, Pantuck AJ, Belldegrun A, Heber D,2007. Pomegranate ellagitannin-derived metabolites inhibit prostate cancer growth and localize to the mouse prostate gland[J]. J Agric Food Chem,55:7732-7737.

Sheng JY, Wang SQ, Liu KH, Zhu B, Zhang QY, Qin LP, Wu JJ,2020. *Rubus chingii* Hu: an overview of botany, traditional uses, phytochemistry, and pharmacology[J]. Chin J Nat Medicines,18:401-416.

Singh SA, Christendat D, 2006. Structure of Arabidopsis dehydroquinate dehydratase shikimate dehydrogenase and implications for metabolic channeling in the shikimate pathway[J]. Biochemistry,45:7787-7796.

Song J, Du L, Li L, Kalt W, Palmer LC,Fillmore S, Zhang Y, Zhang Z, Li X,2015. Quantitative changes in proteins responsible for flavonoid and anthocyanin biosynthesis in strawberry fruit at different ripening stages: a targeted quantitative proteomic investigation employing multiple reaction monitoring[J]. J Proteomics,122:1-10.

Souza VRD, Pereira PAP, Silva TLTD, Oliveira Lima LCD, Queiroz F, 2014. Determination of the bioactive compounds, antioxidant activity and chemical composition of Brazilian blackberry, red raspberry, strawberry, blueberry and sweet cherry fruits[J]. Food Chem,156:362-368.

Stracke R, Jahns O, Keck M, Tohge T, Niehaus K, Fernie AR, Weisshaar B, 2010. Analysis of production of flavonol glycosides-dependent flavonol glycoside accumulation in *Arabidopsis thaliana* plants reveals MYB11-, MYB12- and MYB111-independent favonol glycoside accumulation[J]. New Phytol,188:985-1000.

Sun Z, Hans J, Walter MH, Matusova R, Beekwilder J, Verstappen FWA, Ming Z, van Echtelt E, Strack D, Bisseling T, Bouwmeester HJ, 2008. Cloning and characterization of a maize carotenoid cleavage dioxygenase (ZmCCD1) and its involvement in the biosynthesis of apocarotenoids with various roles in mutualistic and parasitic interactions[J]. Planta,228:789.

Valenzuela-Riffo F, Parra-Palma C, Ramos P, Morales-Quintana L,2020. Molecular and structural insights into FaEXPA5, an alpha-expansin protein related with cell wall disassembly during ripening of strawberry fruit[J]. Plant Physiol Biochem,154: 581-589.

Vrhovsek U, Palchetti A, Reniero F, Guillou C, Masuero D, Mattivi F, 2006. Concentration and mean degree of polymerization of *Rubus* ellagitannins evaluated by optimized acid methanolysis[J]. J Agric Food Chem,54:4469-4475.

Vvedenskaya IO，Vorsa N，2004. Flavonoid composition over fruit development and maturation in American cranberry, *Vaccinium macrocarpon*[J]. Ait Plant Sci,167: 1043-1054.

Wang SY，Chen CT，Wang, CY,2009. The influence of light and maturity on fruit quality and flavonoid content of red raspberries[J]. Food Chem,112:676-684.

Wei X，Chen CX，Yu QB，Gady A，Yu Y. Liang GL，Gmitter FG,2014. Novel expression patterns of carotenoid pathway-related genes in citrus leaves and maturing fruits[J]. Tree Genet Genomes,10:439-448.

Yang J，Ji LL，Wang XF，Zhang Y，Wu LZ，Yang YN，Ma ZY,2015. Overexpression of 3-deoxy-7-phosphoheptulonate synthase gene from *Gossypium hirsutum* enhances *Arabidopsis* resistance[J]. Plant Cell Rep,34:1429-1441.

Yuan H，Zhang J，Nageswaran D，Li L,2015. Carotenoid metabolism and regulation in horticultural crops[J]. Hortic Res,2:15036.

Zhai R，Zhao YX，Wu M，Yang J，Li XY，Liu HT，Wu T，Liang FF，Yang CQ，Wang ZG，Ma FW，Xu LF,2019. The MYB transcription factor PbMYB12b positively regulates favonol biosynthesis in pear fruit[J]. BMC Plant Biol,19:85.

Zhang L，Zhang Z，Zheng T，Wei W，Zhu Y，Gao Y，Yang X，Lin S,2016. Characterization of carotenoid accumulation and carotenogenic gene expression during fruit development in yellow and white loquat fruit[J]. Horticultural Plant Journal,2:9-15.

第4章 掌叶覆盆子种苗繁育与栽培技术

掌叶覆盆子多生长于低海拔至中海拔的林缘、疏林、山坡、路边和沟边等土壤较湿润地段。资源分布较为分散,野生状态下以根蘖繁殖为主。早年作为药用的未成熟果实也以野生为主。近年来,随着覆盆子保健价值的渐入人心,药果需求量激增,人工规模化栽培兴起,栽培面积逐年增加,急需大量种苗,野生资源被广泛采挖。一方面,掌叶覆盆子种子小,千粒重 0.9~1.24g,且种壳厚,休眠期较长,发芽率较低(孙长清等,2005;游晓庆等,2019)。储藏时间超过 1 年种子活力迅速下降,发芽率为 0,即使酸蚀或激素处理也不能促进其萌发(闫翠香等,2020)。不同种源的掌叶覆盆子发芽率差异较大,最低的仅 2%,浙江武义和浦江、安徽泾县、福建霞浦来源的种子发芽率均低于 10%;发芽率最高的为 49%,该种子为江西玉山来源(游晓庆等,2019)。同时,实生苗生长速度慢,田间存活率低。另一方面,掌叶覆盆子枝条扦插生根难,成活率极低,难以用于生产(孙长清等,2005)。现有优质株系根量有限,极大地限制了掌叶覆盆子的种苗来源和繁殖系数(张小辉等,2021)。因此我们建立了育苗圃,进行合理的根蘖育苗或根插育苗,以扩大种苗生产(江景勇等,2013)。同时,建立与优化了掌叶覆盆子的组织培养体系,既可保持植株的优良性状,实现种苗的脱毒复壮,提高繁殖系数,又可缩短繁育周期,节省时间,不受季节影响,从而实现掌叶覆盆子优质种苗的生物技术规模化繁育(王利平等,2013;王云冰等,2020;汪秀媛等,2022)。

掌叶覆盆子野生状态下株型无人管理,产量低,破坏严重。人工栽培初期,由于经验不足,种植户种植密度过高。为满足市场需求,规范化和规模化的人工栽培势在必行。经过多年的观察与实践,在其他学者提出的掌叶覆盆子标准化生产关键技术的基础上,我们制定发布了地方标准《掌叶覆盆子种苗繁育技术规程》(DB3310/T53—2018),创新发展了掌叶覆盆子省力化单株整形栽培方法(邹国辉等,2008;潘彬荣等,2010;胡理滨等,2018,2021;程艳,2018;何春雷等,2019;江景勇等,2017,2019;余京华等,2021)。技术推广后,掌叶覆盆子栽培管理水平得到明显提升,极大促进了产量与品质的提高。

4.1 掌叶覆盆子根蘖育苗

4.1.1 苗圃选择及苗床整理

选择向阳、避风且灌排便利地段,地势平坦,土壤质地疏松,富含腐殖质,pH值为 5.5～7.0。环境空气应符合《环境空气质量标准》(GB 3095—2012)规定的二级标准;水质应符合《农田灌溉水质标准》(GB 5084—2021)规定的旱作农田灌溉水质标准;农用地土壤中污染物含量应等于或低于《土壤环境质量 农用地土壤污染风险管控标准(试行)》(GB 15618—2018)规定的农用地土壤污染风险筛选值。栽植前施足基肥,每 667m^2 施腐熟有机肥 1500～2000kg,钙镁磷肥 50kg,45％硫酸钾型三元复混(合)肥(N：P：K＝15：15：15)50kg。全园深翻,开沟做畦,畦面宽 250cm、畦高 20～30cm、沟宽 50cm,排水畅通。

4.1.2 母株栽植

2 年生苗秋季落叶后至翌年基生枝萌动前均可栽植。1 年生苗在 4 月下旬至 6 月上旬栽植。株行距 1.0m×1.5m,每 667m^2 控制在 450 株左右。在整理好的苗床中央挖穴,将苗木放入穴内扶正,回土,压实。覆土至植株的根茎部以下,栽植后及时浇透水。

4.1.3 种苗管理

1 年生苗移栽后连续晴天时早、晚各浇水一次,直至成活。对生长过密的基生枝,留强去弱,适当疏苗,培育的 1 年生苗株距应保持在 10～15cm,2 年生苗株距应保持 30～40cm。当基生枝长至 50cm 时进行摘心。3 月中旬至 4 月(间隔 10～15d)对母株和所有的基生枝苗喷施 0.2％的尿素液 3～4 次,3 月底每 667m^2 撒施 45％硫酸钾型复混(合)肥 25kg。及时剪除采果后的母株,增加园地的通风透光。

4.1.4 出圃

1 年生苗在 4 月下旬至 6 月上旬出圃,要求根径＞1cm、鲜活根＞5 条、半木质化枝干长＞60cm,出圃时保持根状茎长＞15cm。2 年生苗在秋季落叶后至翌年基生枝萌动前出圃,出圃时保留根状茎长＞10cm,枝干保留 20～30cm。

4.1.5　出圃管理

种苗出圃后,每 667m² 撒施 45％硫酸钾型复混(合)肥 15kg,并及时平整出圃苗留下的坑穴。在基生枝萌芽后根据圃内的苗量,保留合理的新发基生枝的数量。

图 4-1　掌叶覆盆子根蘖繁殖种苗

4.2　掌叶覆盆子根段育苗

4.2.1　根径粗细和根段长度对掌叶覆盆子根段育苗的影响

掌叶覆盆子的根为多年生宿根,储藏有丰富的营养,主侧根区别不明显,水平生长,易萌生不定芽,因此根插繁殖是目前掌叶覆盆子最常用的繁殖方式,但根径粗细和根径长度对根插效果有显著影响。我们于 2012 年 10 月选取掌叶覆盆子健壮植株,探究了不同根径(≥1cm、0.5～1cm、≤0.5cm)、不同长度(5cm、10cm、15cm)根段以及生根粉处理与否,对覆盆子根插繁殖的影响。结果表明,内根插条在插后 15d 左右开始萌生不定芽,25d 时萌芽进入高峰期,30d 时根插条萌生的不定芽数达到最大;30d 后还有部分不定芽发出,但随着温度的降低,低于 15℃后不再有新芽萌生。同一长度下随着根径的增大,出芽数增加,粗根(根径大于 1cm 的根段)出芽数是细根(根径 0.2～0.5cm 的根段)的 4.4 倍,中根(根径 0.5～1cm 的根段)的出芽数是细根的 3.5 倍(江景勇等,2013)。种根直径大的比直径小的储藏营养多,因此易促使根段萌生更多的新苗(张小辉等,2021)。从出芽时间看,粗根最早,中根比粗根晚 1d,细根比粗根晚 4～5d。5cm 长的粗根单位长度平均出芽数为 0.36,10cm 长粗根的单位长度平均出芽数为 0.4,而出芽时间一致。结果表明,根径在 0.5cm 以上,10cm 单位长度更有利于掌叶覆盆子种苗快速繁殖。

"国光"生根粉是一种广谱高效复合型植物生长调节剂,主要作用成分是萘乙酸。经"国光"生根粉 1000 倍液浸泡 10s 处理后,掌叶覆盆子不同根径的根段出芽数均比清水处理后低,出土时间延迟 1～2d。孙长清等(2005)将掌叶覆盆子根插条以 50μg/gABT-1 生根粉溶液浸泡处理后,生根率提高,但不定芽的数量和成活率却降低,出土时间也延迟,表明 ABT-1 生根粉也对根插条萌芽有抑制作用。可见,掌叶覆盆子根插繁殖时可不经生根粉处理。

4.2.2　掌叶覆盆子根插育苗的技术流程

(1)苗床建立

苗床长 25m,宽 1.2m,高 30cm,苗床上面铺有 15cm 厚的基质(蘑菇渣:河沙:珍珠岩＝3:2:1)。在扦插前 3d 用 0.2％的高锰酸钾溶液进苗床消毒,并覆上塑料薄膜。

(2)根插时间

以秋天或 1—2 月为宜,温度控制在 15～30℃。

(3)采穗及根条处理

根插育苗前,建立采穗圃,培育优良健壮的根插条。取直径 0.5cm 以上的根条,截 10～20cm 长,随剪随插。

(4)扦插及管理

在苗床上开挖深 5cm 的沟,将根条横放于沟底,覆沙或其他通气性好的基质,覆平,浇透水,然后加盖小拱棚。扦插后观察表层基质情况,随时浇水,保持苗床湿润。白天温度高于 30℃时遮阴降温,夜间温度不低于 15℃。在出芽 1 周后向幼苗喷施 0.2％的磷酸二氢钾溶液,每 10d 左右喷施 1 次,连喷 3 次。第 2 年 3 月份开始移栽。

4.3　生物技术育苗

4.3.1　掌叶覆盆子组培快繁体系的建立

(1)外植体采集与处理

采集掌叶覆盆子优质种苗的当年生茎段,剪去叶片,用流水冲洗 2h,75％酒精浸泡 30s,0.1％HgCl$_2$(加吐温 2～3 滴)消毒 8～12min,无菌水冲洗 3～5 遍。将处理后的外植体,在无菌条件下切成 1～2cm 长的带节茎段。

(2)腋芽的诱导

将消毒和处理后的带节茎段接种到诱导培养基 MS＋6-苄基腺嘌呤(6-BA) 0.5mg/L ＋萘乙酸(NAA)0.01mg/L(0.7％琼脂和 3％白糖,pH 值为 5.8,下同), 于培养室中培养。培养温度 25±1℃,光照强度 80～100μmol/(m²·s),光照时间 14h/d(培养条件下同)。1 周后,腋芽萌发,萌发率达 80％以上;20d 左右,芽长至 1.5～2.0cm(图 4-2)。

图 4-2　掌叶覆盆子腋芽的诱导

(3)不定芽增殖

萌发的嫩芽长至 1.5～2.0cm 时将其切下转入 4 种增殖培养基(S1,MS＋6-BA 0.5mg/L ＋NAA 0.01mg/L;S2,MS＋6-BA 1.0mg/L ＋NAA 0.1mg/L;S3, MS＋6-BA 2.5mg/L ＋NAA 0.2mg/L;S4,MS＋6-BA 3.5mg/L ＋NAA 0.2mg/L), 每瓶接种 5～6 个芽,6 个重复。结果表明在 4 种培养基上不定芽增殖系数分别为 10.1±0.5,15.1±0.3,6.3±0.9 和 6.6±1.6,S1 配方不定芽生长健壮,幼苗生长 致密且较大;S2 配方幼苗生长致密且苗较小,但叶片浓绿(图 4-3);随着 6-BA 浓 度的继续升高,茎段基部形成大量愈伤组织,叶片变得玻璃化且呈淡绿色,说明高 浓度 6-BA 反而抑制掌叶覆盆子的增殖。不定芽再生后,2～3 周宜继代培养一次。 可见,以 MS 为基本培养基,6-BA 浓度为 0.5～1.0mg/L 时,添加 0.1mg/L NAA, 最适合掌叶覆盆子不定芽增殖。

图 4-3　掌叶覆盆子不定芽的增殖

(4)生根培养

切取 2～3cm 长势良好的再生芽,接种到生根培养基中。以正交设计的方法设计不同基本培养基(1/4MS、1/2MS 和 MS)、不同浓度 NAA(0.1,0.5 和 1.0mg/L)以及不同浓度吲哚丁酸(IBA,0.1,0.5 和 1.0mg/L)的组合,共 9 种配方(王利平等,2013)。生根培养基蔗糖浓度改为 2%,有机物中不含肌醇。结果表明,1/4MS 培养基不利于苗的生长,苗矮小淡黄。随着基本培养基中营养元素量的恢复,植株生长逐渐健壮(图 4-4)。培养基为 1/2MS＋NAA 0.5mg/L＋IBA 0.1mg/L 时,生根数可达 14.5,根长 5.22cm,根粗,植株生长较苗壮;培养基为 MS＋NAA 0.1mg/L＋IBA 0.1mg/L 时,生根数 13.5,根长 5.32cm,植株生长苗壮,根粗。综合根的数目和长度以及幼苗生长情况,推荐 MS＋NAA 0.1mg/L＋IBA 0.1mg/L 为掌叶覆盆子最佳生根培养基。

(5)炼苗和移栽

待生根健壮的植株长至 4～5cm 高时,移至炼苗室,微掀盖炼苗 4d,敞口适应 3d 后,洗去根部培养基,栽植于基质中,覆膜保湿或覆盖小拱棚保湿,移栽成活率在 90% 以上。在温室中培养 2～3 周后移入大田种植(图 4-5)。

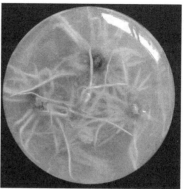

图 4-4 掌叶覆盆子组培苗的生根(彩图见附录)

图 4-5 掌叶覆盆子组培苗移栽(彩图见附录)

4.3.2 掌叶覆盆子组培快繁体系中矿质元素和生长调节剂的优化

(1)6-BA 和 KT 在掌叶覆盆子组培苗增殖过程中的作用浓度比较

为阐明 6-BA 和激动素(KT)两种植物生长调节剂的作用强度,在 MS+NAA 0.1mg/L 培养基中分别添加 0.01,0.05,0.1,0.2,0.5,1.0,2.0 和 3.0mg/L 8 种浓度梯度的 6-BA,或 0.1,0.5,1.0,2.0,5.0,10.0,20.0 和 30.0mg/L 8 种浓度梯度的 KT。每瓶接种 5 个外植体,4 个重复,培养 30d 后统计掌叶覆盆子组培苗增殖系数。结果表明,低浓度的 KT 不利于掌叶覆盆子组培苗增殖;当 KT 浓度提高至 5mg/L 时,组培苗增殖系数为 4.33;当 KT 浓度为 10,20 和 30mg/L 时,组培苗增殖系数分别为 5.33,4.89 和 6.11,但在 20~30mg/L KT 浓度下,苗出现玻璃化倾向。而当 6-BA 浓度为 0.2mg/L 时,组培苗增殖系数为 2.89;当 6-BA 浓度为 0.5mg/L 时,增殖系数为 5.0,与 5.0mg/L 的 KT 作用效果相当;将 6-BA 浓度继续提高至 1.0,2.0 和 3.0mg/L,增殖系数分别为 5.67,6.0 和 5.89,没有显著性差异,但当浓度达到 2.0 和 3.0mg/L 时,苗的玻璃化现象较为严重。可见,掌叶覆盆子组培时,细胞分裂素 KT 和 6-BA 对掌叶覆盆子增殖的影响存在浓度效应,而且 KT 与 6-BA 浓度效应存在一定的关联:当 KT 浓度达到 6-BA 浓度的 10 倍时,组培苗增殖情况与其 1/10 浓度的 6-BA 作用相当(图 4-6)。KT 浓度为 0.10~1.0mg/L 和 6-BA 浓度为 0.01~0.1mg/L,均不能促进掌叶覆盆子幼苗的增殖。当 KT 浓度增加至 5.0~10.0mg/L 或 6-BA 浓度增加至 0.5~1.0mg/L 时,幼苗增殖系数显著增加且效果相当,且 KT 处理的幼苗生长优于 6-BA 处理的幼苗,叶片深绿,玻璃化现象消除。当两者浓度继续增加时,都会出现严重的玻璃化。同属植物的研究也表明细胞分裂素对悬钩子属植物组培苗增殖和生长的影响具有种类和浓度效应(Debnath,2004;Wu et al.,2009;Vujovi et al.,2010;李海燕等,2011)。因此,掌叶覆盆子组培时,单独添加 6-BA 或 KT,浓度宜分别控制在 0.5~1.0mg/L 或 5.0~10.0mg/L。

(2)6-BA 和 KT 组合对掌叶覆盆子组培苗增殖生长的影响

以 MS 为基本培养基,添加 NAA 0.1mg/L 和不同配比组合的 6-BA 和 KT。具体方案是 2 种植物生长调节剂分别设置 0,0.05,0.1,0.5 和 1.0mg/L 5 种浓度梯度,两两组合,共 25 个组合,蔗糖浓度为 30g/L,琼脂粉浓度为 7.0g/L,pH 值为 5.8。每瓶接种 5 个不定芽,4 个重复。培养 45d 后,统计增殖系数,结果如表 4-1 所示。结果表明,掌叶覆盆子组培时,单独添加 0~1.0mg/L 的 KT 不能促进不定芽的增殖,但随着浓度的增加,可有效促进苗的生长;当 6-BA 浓度为 0~1.0mg/L

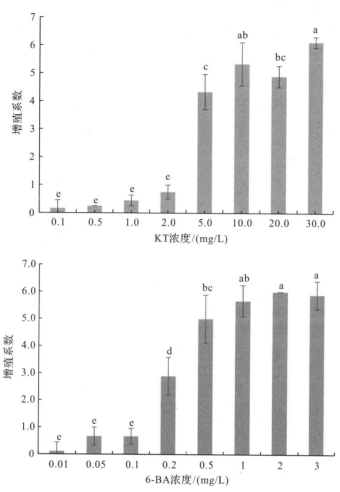

图 4-6　不同 KT 与 6-BA 作用条件下掌叶覆盆子培苗增殖系数

注:不同小写字母表示不同处理间差异显著($p<0.5$)。

时,掌叶覆盆子组培苗增殖系数随 6-BA 浓度增加而增加(汪秀媛,2022)。0.05 和 0.1mg/L 两种低浓度 6-BA 不能促进芽的增殖,苗黄化,生长细弱;添加 0.5～1.0 mg/L 的 KT 后,苗有一定的生长。当 6-BA 浓度为 0.5mg/L 时,增殖系数显著增加至 5.33,但伴有轻微玻璃化;此时添加 0.1～1.0mg/L 的 KT,可消除玻璃化现象,苗生长健壮。6-BA 0.5mg/L 和 KT 1.0mg/L 组合时,增殖系数最大(10.33)。当 6-BA 浓度继续增加至 1.0mg/L 时,增殖系数为 7.89,但苗出现玻璃化现象,可添加 0.5～1.0mg/L 的 KT 来缓减。因此,优化后的掌叶覆盆子增殖培养基配方为 MS ＋ 6-BA 0.5mg/L ＋ KT 1.0mg/L ＋ NAA 0.1mg/L,平均增殖系数达

10.33,该配方可有效抑制玻璃化的产生,苗生长健壮。

表 4-1　6-BA 和 KT 组合对掌叶覆盆子组培苗增殖生长的影响

6-BA/(mg/L)	KT/(mg/L)	增殖系数	苗生长状况
0.00	0.00	0e	黄化
0.00	0.05	0e	黄化
0.00	0.10	0.67 ± 0.61de	生长缓慢,浅绿
0.00	0.50	0e	苗有一定生长,绿色
0.00	1.00	0e	苗较健壮,深绿
0.05	0.00	0.33 ± 0.33e	苗细小,浅绿
0.05	0.05	0.50 ± 0.19de	部分黄化
0.05	0.10	0.78 ± 0.51de	浅绿
0.05	0.50	0e	深绿
0.05	1.00	0.83 ± 0.43de	苗生长较好,深绿
0.10	0.00	0.58 ± 0.57e	黄化、玻璃化
0.10	0.05	0.67 ± 0.67e	苗细小,浅绿
0.10	0.10	1.17 ± 0.24de	苗细小,浅绿
0.10	0.50	2.11 ± 0.51d	苗生长较好,深绿
0.10	1.00	1.44 ± 0.19de	苗生长较好,深绿
0.50	0.00	5.33 ± 0.47c	轻微玻璃化
0.50	0.05	8.08 ± 1.23b	轻微玻璃化
0.50	0.10	7.78 ± 0.77b	苗较健壮,深绿
0.50	0.50	5.67 ± 0.54c	苗较健壮,深绿
0.50	1.00	10.33 ± 0.67a	苗健壮,深绿
1.00	0.00	7.89 ± 1.02b	严重玻璃化
1.00	0.05	8.42 ± 2.42b	轻微玻璃化
1.00	0.10	7.67 ± 2.26b	轻微玻璃化
1.00	0.50	8.25 ± 1.60b	苗较健壮,深绿
1.00	1.00	7.50 ± 1.04b	苗健壮,深绿

注:数字后不同小写字母表示不同处理间差异显著($p < 0.5$)。

　　组培苗玻璃化是工厂化育苗成效的主要制约因素之一。高浓度的 6-BA 会引起组培苗内源激素比例失调,造成玻璃化(高红兵等,2006;李海燕等,2011)。酸樱桃(*Prunus cerasus*)玻璃化苗生长素(IAA)和赤霉素(GA$_3$)含量与正常苗基本一致,而玉米素核苷(ZR)含量远远低于正常苗,这使得组培苗出现维管束发育不全、栅栏组织和角质层蜡质缺失等现象,影响组培苗的正常生长(高红兵等,2006)。随着 6-BA 浓度的增加,掌叶覆盆子玻璃化苗比例呈递增趋势,因此其浓度应控制在 0.5~1.0mg/L。本研究结果表明,添加 1.0mg/L 的 KT,可有效促进苗的健壮生长,避免玻璃化现象的产生,但其内在机制有待进一步研究。

(3)掌叶覆盆子组培时矿质元素添加的优化

　　改变培养基中矿质元素的添加量,也会显著影响组培效果。适宜的大量元素含量,如 2.5~3.0 倍的 MS 培养基中的 CaCl$_2$、KH$_2$PO$_4$ 和 MgSO$_4$ 浓度更适合所试 5 种红树莓(*Rubus idaeus*)的组织培养(Poothong et al.,2015)。马铃薯脱毒快繁时 Ca、Mg、P 的加量能促进组培苗的生长(杨琼芬等,2012)。为促进掌叶覆盆子组培苗更好地生长,我们优化了 MS 培养基中大量元素 Ca 和 Mg 及微量元素 Mn、Zn 和 Cu 的浓度。激素统一设定为 6-BA 0.5mg/L、KT 1.0mg/L 和 NAA 0.1mg/L。对照组为 MS 基本培养基,其中 CaCl$_2$·2H$_2$O 浓度 440mg/L,MgSO$_4$·7H$_2$O 浓度 370mg/L,MnSO$_4$·H$_2$O 浓度 16.9mg/L,ZnSO$_4$·7H$_2$O 浓度 10.6mg/L,CuSO$_4$·5H$_2$O 浓度 0.025mg/L。在此基础上,改变上述 5 种营养元素的浓度,分别设置 1/4、1/2、2 和 4 倍强度,培养 45d,观察组培苗生长情况,统计增殖系数,试验结果见表 4-2。结果表明,适当增加 Ca^{2+} 浓度对掌叶覆盆子不定芽的增殖系数没有显著性影响,但有利于促进苗的健壮生长;当培养基中 CaCl$_2$·2H$_2$O 浓度设置为基本培养基的 2 倍时,掌叶覆盆子组培苗深绿,生长健壮;而当 CaCl$_2$·2H$_2$O 浓度过高或过低时,苗出现玻璃化或黄化现象。因此建议添加 880mg/L CaCl$_2$·2H$_2$O(即 2 倍 MS 基本培养基的 Ca^{2+})。Mn 的影响也有相同趋势,当 Mn^{2+} 浓度为 MS 基本培养基的 2 倍,即 MnSO$_4$·H$_2$O 浓度为 33.8mg/L 时,掌叶覆盆子组培苗的生长健壮。Cu^{2+} 浓度对组培苗的玻璃化没有太大影响,但其浓度降低会使掌叶覆盆子组培苗出现黄化现象。综合增殖与生长情况,建议将 Cu 元素的浓度也设置为 MS 基本培养基的 2 倍,即 CuSO$_4$·5H$_2$O 的浓度为 0.05mg/L。相反,低浓度的 Mg^{2+} 则有益于掌叶覆盆子组培苗的生长,当 MgSO$_4$·7H$_2$O 浓度为 MS 基本培养基的 1/4 和 1/2,即 92.5 和 185mg/L 时,苗深绿,生长健壮,增殖系数高。而随着 Mg^{2+} 浓度的增加,苗的长势减弱,出现玻璃化现象。因此,建议掌叶覆盆子组培时,将培养基中 MgSO$_4$·7H$_2$O 浓度设置为 MS 基本培养基的 1/4,即 92.5mg/L。当 Zn^{2+} 浓度为 MS 基本培养基的 1/2,即 $ZnSO_4 \cdot 7H_2O$ 浓度为 5.3mg/L 时,组培苗增殖与生长最好。

表 4-2 矿质元素浓度对掌叶覆盆子组培苗增殖生长的影响

元素	浓度	增殖系数	标准差	苗生长状况
Ca^{2+}	1/4MS	4.08a	1.07	部分玻璃化
	1/2MS	5.75a	1.10	黄化,玻璃化
	1×MS	5.25a	0.69	苗较健壮
	2×MS	4.58a	1.17	苗健壮,深绿
	4×MS	5.44a	1.39	玻璃化
Mg^{2+}	1/4MS	7.67a	1.33	苗健壮,深绿
	1/2MS	4.58b	1.62	苗健壮,深绿
	1×MS	5.25b	0.69	苗较健壮
	2×MS	4.22b	1.54	苗矮小
	4×MS	3.50b	0.43	苗矮小,玻璃化
Cu^{2+}	1/4MS	5.17ab	1.11	黄化
	1/2MS	6.17a	1.69	黄化
	1×MS	5.25ab	0.69	苗较健壮
	2×MS	6.08a	1.07	苗健壮
	4×MS	4.00b	0.58	苗健壮,深绿
Mn^{2+}	1/4MS	5.83ab	1.29	黄化,玻璃化
	1/2MS	5.42ab	0.63	玻璃化
	1×MS	5.25b	0.69	苗较健壮
	2×MS	5.92ab	0.83	苗健壮,深绿
	4×MS	6.83a	1.14	苗较健壮
Zn^{2+}	1/4MS	5.75a	1.10	部分黄化
	1/2MS	5.83a	1.23	苗健壮,深绿
	1×MS	5.25a	0.69	苗较健壮
	2×MS	5.42a	0.88	苗较健壮,浅绿
	4×MS	5.45a	0.79	轻微玻璃化

注:不同小写字母表示同一元素不同处理间差异显著($p < 0.5$,LSD 法)。

综上,优化后的掌叶覆盆子增殖培养基配方为:矿质元素改良的 MS 培养基

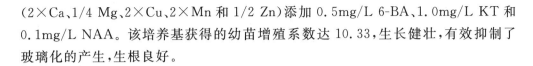

(2×Ca、1/4 Mg、2×Cu、2×Mn 和 1/2 Zn)添加 0.5mg/L 6-BA、1.0mg/L KT 和 0.1mg/L NAA。该培养基获得的幼苗增殖系数达 10.33,生长健壮,有效抑制了玻璃化的产生,生根良好。

4.3.3　掌叶覆盆子组培时褐化的控制

掌叶覆盆子组培时外植体褐化现象比较普遍。褐化会直接影响组培苗的生长与增殖,增加繁育成本。外植体褐化受取材时期、取材部位及培养基类型的影响,可通过选择合适的外植体或添加抗氧化剂和吸附剂等抗褐化剂,减轻褐化程度(冯代第等,2015)。常用的抗褐化剂有聚乙烯吡咯烷酮(PVP)、抗坏血酸(VC)、活性炭(AC)和柠檬酸等。低温预处理也可在一定程度上减轻褐变的程度。王云冰等(2020)研究了掌叶覆盆子不同取材部位、不同培养基配方、不同抗褐化剂处理及黑暗低温处理,对外植体褐化的影响,以找到有效方法减轻褐化率,节约生产成本。

(1)外植体不同取材部位培养对抗褐化的影响

根蘖芽段褐化程度最高,其直径较大,组织较嫩,接种 3d 就可见褐化发生,褐化率达 87.7%。带芽枝段生长停滞,头尾部分褐化,褐化率居中,出芽率 45.3%。当年生茎段长出新芽,生长旺盛,酚类物质含量相对较少,褐化率最低(14.8%),出芽率达 85.2%。

(2)不同基本培养基对外植体抗褐化的影响

将掌叶覆盆子茎段外植体分别接种到 4 种基本培养基上,结果表明,以 1/4 MS 为基本培养基,褐化率最低,仅 14.3%,出芽率 85.7%;以 1/2MS 为基本培养基,褐化率也较低,为 15%。当以 MS 和 WPM 为基本培养基时,褐化率显著升高,分别增至 47.1% 和 42.2%。但从生长势评价来看,1/4MS 培养基培养后期叶色发黄,生长芽心抽生速度慢,而其他 3 种基本培养基上幼苗生长和出芽稳定,叶色浓绿。综合来看,1/2MS 基本培养基较为理想。

(3)不同抗褐化剂对外植体抗褐化的影响

抗坏血酸处理可有效降低褐化率,100mg/L 浓度处理效果最佳,褐化率仅为 7.5%,出芽率达到 92.5%。不同浓度 PVP(聚乙烯吡咯烷酮)处理也可有效抑制褐化的发生,当 PVP 浓度为 1g/L 时,褐化率最低,为 15.0%,出芽率达 85%;当 PVP 浓度升高至 3g/L 时,生长迟滞,芽细弱,叶片黄绿。这与李纯佳等(2012)的研究结果相一致。总体而言,抗坏血酸对掌叶覆盆子抗褐化效果作用显著,最适作用浓度为 100mg/L;起吸附作用的 PVP 抗褐化效果次之,最适作用浓度为 1g/L。

（4）黑暗低温处理时长对外植体抗褐化的影响

将茎段以 4℃低温避光分别处理 0,24 和 48h,有助于提高掌叶覆盆子外植体的抗褐化能力。24h 处理效果最佳,褐化率降至 5.0%,出芽率高达 95%。处理时间延长至 48h,褐化率又有所提升,且生长受阻,出芽速度慢,生长势弱。而未经低温处理和低温处理 24h 的外植体出芽后,长势良好。

4.4　掌叶覆盆子栽培技术

4.4.1　生态适宜区

影响覆盆子产量的气象因子主要有 5 个,包括无霜期日数、年极端最低气温、3 月极端最低气温、稳定通过 10℃积温和稳定通过 10℃初终日期间隔日数(吴叶青等,2020)。其中,10℃气温是掌叶覆盆子开始生长的温度,在此温度下,掌叶覆盆子生理活动较活跃,对萌芽、展叶和小枝生长均起到重要作用。10℃初终日期间隔日数过短,小枝发育不良,长成瘦弱的短枝;反之,10℃初终日期间隔日数越长,积温就越高,小枝生长越健壮。积温高,则掌叶覆盆子早生快发、早投产、早收益,果实品质也相应提高。

对覆盆子产量影响最大的气象灾害是冬季低温冻害和春季倒春寒。掌叶覆盆子根系较浅,抗寒力较差,容易遭受低温伤害。冻害对掌叶覆盆子生长的危害较大,深冬季节发生较多,主要表现为春季萌芽晚或不整齐。掌叶覆盆子一般 3 月上、中旬开花,3 月末至 4 月初花期结束,倒春寒主要影响掌叶覆盆子开花量及坐果率,从而影响产量。

尹永飞等(2019)在调查华东覆盆子的分布位点信息的基础上,全面分析其生长环境的生态因子数据,在此基础上利用最大熵模型和 Gis 制图软件,预测了覆盆子的生态适宜性。结果表明,气温和降水是影响其分布的主要生态因子。其中,最干月降水的最适宜值为 38～70mm,1 月降水适宜值为 50～100mm,9 月降水适宜值为 100～300mm,11 月降水适宜值为 50～80mm;最干季降水的最适宜值为 140～200mm。4 月平均气温适宜值为 10～22℃,温度季节性变化的标准差 55～90℃较适宜。据此,尹永飞等(2019)认为华东覆盆子生长最适宜区主要集中在安徽南部的黄山至浙江西部天目山一带、江西东北部山区、江苏西南部地区、浙江东部山区和福建北部武夷山一带。安徽西部大别山、湖北东南部、湖南北部和东南

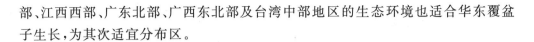

部、江西西部、广东北部、广西东北部及台湾中部地区的生态环境也适合华东覆盆子生长,为其次适宜分布区。

4.4.2　园地选择与建园

宜选择生态条件良好,无污染源(周边 3km 内)或污染物含量限制在允许范围之内的农业生产区域作为园地。环境空气应符合 GB 3095—2012 规定的二级标准;水质应符合 GB 5084—2021 规定的旱作农田灌溉水质量标准;土壤环境应符合 GB 15618—2018 规定的二级标准。选择向阳避风且灌排便利地段,土壤疏松肥沃,湿润不积水,有机质含量 1.5% 以上,pH 值为 5.5～7.0。如要休闲采摘,还宜选择交通便利的山坡或田园。采用带状栽植,平地宜南北向;坡地可与等高线平行。坡度为 15°～25° 的坡地应建水平带,15° 以下坡地全垦。

山地建园:定植前 1 个月挖定植穴。定植穴深 25～35cm,直径 25～35cm。每穴施有机肥 15～20kg,钙镁磷肥 0.3kg,45% 三元复合肥(N∶P∶K＝15∶15∶15)0.3kg,上层覆表土。回填后筑一高出畦面 0.1～0.15m 的龟背状定植墩,待植。

田地建园:种植前将土地全面翻耕,施足基肥,每亩施有机肥 1500～2000kg,钙镁磷肥 50kg,45% 三元复合肥(N∶P∶K＝15∶15∶15)50kg,开沟起垄,垄宽 2.5m,沟宽 0.5m,畦高 0.2～0.3m。保证排水畅通。

4.4.3　种苗与定植

根蘖苗选择标准:1 年生苗根状茎长＞20cm,根径＞1cm,苗高＞50cm,半木质化,侧枝＜4 枝;2 年生苗根状茎长＞10cm,根径＞1.5cm,苗高 20～30cm。1 年生苗在 4 月下旬至 6 月上旬;2 年生苗秋季落叶后至第二年基生枝出土前均可种植。

山地栽植时,在龟背定植墩处挖深 0.2m,直径 0.4m 的坑穴;田地栽植时,在定植点表土上挖 0.05m 深的浅坑穴。把苗木放入坑穴内,舒展根系,扶正,填入表土,边填土边提苗,轻踏,浇足定根水,在定植带盖黑地膜或覆草,草厚 0.1～0.15m。

株行距 2m×(2.2～2.5)m,每亩控制在 120～150 株。

第 1 次施肥在开花后幼果形成期,以施硫酸钾复合肥(N∶P∶K＝16∶16∶8)200g/株为宜;需采摘鲜果的在果实转色期喷施高钾叶面肥 1 次。第 2 次追肥在去除已结果老枝后,每亩施 30kg 复合肥。施基肥在 11 月,以腐熟的农家肥为主,每亩加入 30kg 复合肥。

在干旱季节应及时灌水,采用滴灌或者沟灌方式。在雨季来临之前应及时疏通排水沟,园内不得有积水。

4.4.4 树体管理

种植后第1年管理:在苗旁进行插杆固定,发出的基生枝和侧枝全部保留。

种植后第2年及2年后的管理:花前剪除干枯枝、病害枝、细弱枝。2~4月保留主根旁的2根基生枝,其余的全部去除。采摘结束后把当年的结果老枝全部从基部剪掉。在留下的两个基生枝里选一个长势强旺的作为结果主干枝培养,疏除另外一个。当结果主干枝高度达拉线2(图4-7)高度时进行绑缚固定,主干高度超过180cm时进行打顶,在生长季节当结果侧枝长度达到120cm时进行打顶。

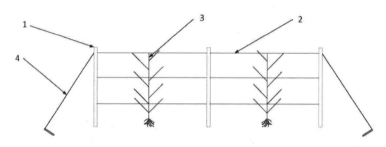

1—立柱;2—拉线;3—主干;4—地锚拉线

图4-7 掌叶覆盆子栽培示意图

结果母枝修剪结束后,保留的基生枝绑缚在残留的结果母枝上。当枝条超过1m时,要搭架引枝。在整好的土地上进行立柱拉线,每垄立柱成一直线,立柱间距为5m,两头立柱用地锚拉线斜拉固定。在立柱间拉三道线,用紧线器拉紧。三道拉线距地面高度分别为80、140和180cm。当结果主干长至拉线高度时分别进行绑缚固定(图4-7)。掌叶覆盆子示范化栽培情况如图4-8所示。

图 4-8　掌叶覆盆子示范化栽培

4.4.5　病虫害防治

(1)防治原则

遵循"预防为主,综合防治"的植保方针,按照病虫害发生的规律,优先采用农业、物理、生物防治,辅以化学防治。

(2)农业防治

选择健壮苗木。及时清除园内的老枝、病枝、虫害枝,清洁园地,减少虫、病源。通过农艺措施加强栽培管理,创造有利于掌叶覆盆子生长的环境,增加植株的抗病虫害能力。

(3)物理防治

糖醋液、色板诱集,毒诱饵诱杀。

(4)生物防治

人工捕杀,保护和利用天敌,或使用生物农药控制。选用1%印楝素乳油750倍液、3%苦参碱水剂800倍液进行喷雾防治。

(5)化学防治

化学防治在清除结果母枝后进行,应根据病虫害的发生情况进行防治。在落叶休眠后和萌芽前全园各喷一次 4～5 波美度的石硫合剂。

(6)主要病虫害

病害主要有叶斑病、枝枯病、根腐病、茎腐病(图 4-9a)。

153

(a) 茎腐病　　　　　　　　(b) 黄刺蛾

(c) 螨类危害　　　　(d) 星天牛危害　　　　(e) 叶甲类危害

图 4-9　掌叶覆盆子病虫害

叶斑病:主要由尾孢属病原菌侵害引起;叶片上产生黑褐色小圆斑,后扩大连成不规则大斑块,边缘略微隆起,叶两面上散生小黑点。防治方法:及时疏沟排水,降低田间湿度,保持通风透光,增强植株抗病力;发病前期喷 1:100 波尔多液或 60%代森锌 500 倍液喷雾。

根腐病:发病轻的植株生长缓慢,叶丛萎蔫,严重的根部腐烂,维管束变褐色。防治方法:加强排水,降低苗圃土壤湿度,拔除病株,病穴撒石灰消毒,多施草木灰等钾肥,以增强植株抗病力。

虫害主要有叶甲类、天牛类、小蠹蛾、黄刺蛾、螨类危害等。天牛类、小蠹蛾等蛀茎危害,造成植株萎蔫,甚至整个植株死亡。螨类吸取植物汁液,使叶片出现许多斑点,叶片枯黄。叶甲类、黄刺蛾等取食叶片和花,造成叶片有许多孔洞,花器官受损(图 4-9b—e)。防治方法:剪除被危害的枝叶;人工捕杀;在危害期喷 2.5%溴氰菊酯、联苯肼酯等杀虫杀螨剂。

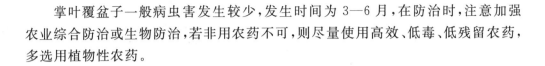

掌叶覆盆子一般病虫害发生较少,发生时间为 3—6 月,在防治时,注意加强农业综合防治或生物防治,若非用农药不可,则尽量使用高效、低毒、低残留农药,多选用植物性农药。

4.5　掌叶覆盆子连作障碍

掌叶覆盆子连作 4～5 年后,开始大面积出现植株根部腐烂和地上部分死亡的现象,经济损失严重。为此,我们从土壤酸碱性、矿质元素吸收与转运及根部致病菌等角度分析引起掌叶覆盆子连作障碍的原因,并提出了防治对策。

4.5.1　掌叶覆盆子连作致病现象与显微观察

以三门县陈钢覆盆子专业合作社的掌叶覆盆子种植基地为样地,拍照记录植株长势,其种植 5 年的部分地块已出现大面积植株死亡的现象。取种植第 2 年的健康植株与第 4 年的病株的根、茎、叶,立即用 FAA 固定液固定。叶片用甲醛：乙酸：50％乙醇＝5∶5∶90 的溶液固定,根和茎用甲醛：冰醋酸：70％乙醇＝5∶5∶90 的溶液固定。固定 1 个月后,根和茎用软化剂软化 2 个多月。后经脱水、透蜡、包埋、切片、染色、封片等过程,制作石蜡切片,用显微镜观察并拍照。

掌叶覆盆子地下部分多年生,根蘖繁殖,地上枝条二年生。春季二年生枝条混合芽萌动形成花蕾,五月初果熟,之后二年生枝条连同结果枝整枝枯死;同年根蘖的新芽长成一年生枝条,至第二年开花结果后枯死,如此循环。不少种植户以药材采收为目的,种植密度高,掌叶覆盆子长势旺盛(图 4-10a,d)。对于根蘖繁殖能力强,基部会发出 10～20 株甚至更多的新苗,种植户会采挖种于新地或大量卖苗,造成根茎出现伤口。于是,连作几年后,潮湿、易积水、通风差的地块渐渐发生根腐现象(图 4-10b,c,e)。感染根腐病的植株,主根腐烂,细根发生少或不发,根蘖衰减,地上部分在萌芽后叶片卷缩、出现褐色斑点并逐步扩大至发黄枯死(图 4-10g,h,i)。

(a) 种植1~3年的正常植株　　(b) 生长受到显著影响(4年)　　(c) 大面积枯死(5年)

(d) 正常根 (e) 根腐严重

(f) 2年生植株的叶 (g) 3年生植株的叶 (h) 4年生植株的叶 (i) 5年生植株的叶

图 4-10 连作对掌叶覆盆子生长的影响(彩图见附录)

对未发病和中等发病程度(图 4-10g)植株的根、茎、叶做石蜡切片后显微观察,发现晶体(方晶、簇晶)分布于叶脉和茎的皮层及根的维管束木质部(图 4-11,箭头所指处)。

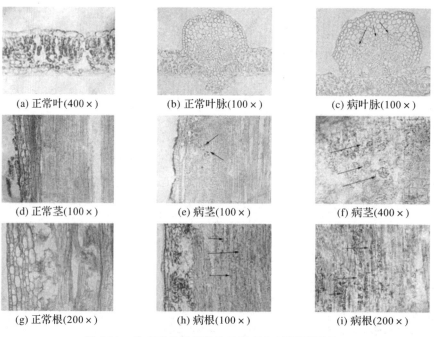

(a) 正常叶(400×) (b) 正常叶脉(100×) (c) 病叶脉(100×)

(d) 正常茎(100×) (e) 病茎(100×) (f) 病茎(400×)

(g) 正常根(200×) (h) 病根(100×) (i) 病根(200×)

图 4-11 掌叶覆盆子器官的显微观察(彩图见附录)

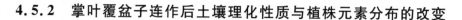

4.5.2 掌叶覆盆子连作后土壤理化性质与植株元素分布的改变

在青果期分别采集种植第 2、3、4、5 年后的土壤及植株的根、茎、叶和果实,测定土壤理化性质、分析植株元素含量。土壤 pH 值的测定:称取风干试样 10.0g,加入除 CO_2 的蒸馏水 25mL,加盖,涡旋振荡 1min 后室温放置 30min 以上;用 pH 计读取稳定的 pH 值。土壤养分的测定:土样风干,过 2mm 孔径筛;有机质的测定采用重铬酸钾容量法–稀释热法;全氮的测定采用凯氏定氮法,硝态氮用 KCl 法处理;全磷测定用 $HClO_4$-H_2SO_4 法消化;均采用 AA3 型连续流动分析仪测定含量。植株各器官元素含量的分析:将植物根、茎、叶和果分别烘干,每份取 0.5g 加 5mL 浓硝酸和 1mL 高氯酸高温消化后冷却,定容至 50mL,过滤。用电感耦合等离子体发射光谱仪(ICP,Optima 2100DV)测定 P、K、Ca、Mg、Fe、Zn、Mn、B、Cu、Mo、Ni 等的含量。

连作后,土壤 pH 值有一定的下降趋势。土壤有机质增加,全氮和硝态氮减少,全磷含量增加(表 4-2)。土壤中 K、Mg、Fe、Zn、Mn、B 等元素含量减少(表 4-3)。取样时,2~4 年植株各采集 30 个青果,单果鲜重分别为 0.86g±0.13g、1.05g±0.16g 和 0.65g±0.12g;5 年植株落叶落果。元素分析结果表明,植株根、茎、叶中大量元素 P、K、Ca 减少,果实中 P、K 积累增加而 Ca 减少;连作后植物继续保持微量元素 Mg、Fe、Zn、Mn、B、Cu、Mo 和 Ni(Ni 数据略)的吸收与累积(表 4-3)。各样品均未检测到重金属 Cd,Pb 含量也低于标准(Pb≤5μg/g)。另外,分析表明掌叶覆盆子各部位 Zn 和 Mn 元素含量较高,尤其是 Mn,在叶和果中 Mn 含量为 0.14~0.47g/kg,可见这两个部位对这两种元素的偏好性较强。

表 4-2 掌叶覆盆子不同种植年份土壤理化性质

种植年份	pH 值	有机质/(g/kg)	全氮/(mg/kg)	硝态氮/(mg/kg)	全磷/(mg/kg)
2 年	7.10±0.012a	344.8±4.5d	41.18	3.95±0.02b	418.5±80.4b
3 年	6.14±0.025b	458.4±1.7a	29.17	5.52±0.47a	547.1±65.9a
4 年	5.95±0.021d	396.2±8.6c	17.28	2.38±0.29d	365.8±29.3b
5 年	6.06±0.015c	436.7±1.7b	16.54	3.09±0.16c	521.8±18.6a

注:数字后不同小写字母表示该土壤成分在不同掌叶覆盆子种植年份间差异显著,$p < 0.05$。

4.5.3 掌叶覆盆子根际丛枝菌根真菌侵染情况

取野生和基地各年份掌叶覆盆子的根系,用 FAA 固定液固定,剪成约 1cm 长的小段,加 10% KOH 溶液 90℃ 水浴 1.5h,清洗 3 次,用 H_2O_2 脱色,2% HCl 酸化 4min,台盼蓝溶液染色,乳酸甘油试剂脱色后制成装片,在显微镜下观察丛枝菌

表4-3 掌叶覆盆子不同种植年份土壤和植株各器官元素含量

样品部位	种植年份	P/(g/kg)	K/(g/kg)	Ca/(g/kg)	Mg/(g/kg)	Fe/(g/kg)	Zn/(g/kg)	Mn/(g/kg)	B/(mg/kg)	Cu/(mg/kg)	Mo/(mg/kg)
土壤	2年	0.71±0.01b	3.43±0.19b	2.28±0.12a	0.98±0.09a	7.48±0.60a	0.17±0.013a	0.20±0.018a	37.6±6.2a	13.5±1.6b	Nd
	3年	0.87±0.06a	4.88±0.22a	1.43±0.15c	1.04±0.06a	7.13±0.85a	0.12±0.008b	0.12±0.011b	26.6±3.4b	15.7±1.4ab	Nd
	4年	0.51±0.02d	3.71±0.19b	0.93±0.16d	1.00±0.08a	6.81±0.39a	0.10±0.008c	0.12±0.004b	17.5±3.6bc	17.0±1.6a	Nd
	5年	0.62±0.01c	2.87±0.24c	1.70±0.06b	0.74±0.03b	4.67±0.19b	0.077±0.005d	0.074±0.006c	16.7±2.5c	14.2±2.0ab	Nd
根	2年	2.74±0.20a	2.57±0.30c	7.85±0.88a	1.69±0.09b	0.19±0.03bc	0.16±0.016a	0.036±0.003c	54.0±1.0a	6.3±0.6b	3.0±1.0ab
	3年	1.51±0.21c	4.72±0.31a	6.19±0.44b	1.42±0.14c	0.23±0.01a	0.15±0.010a	0.055±0.004a	43.8±4.3b	6.3±0.5b	0.53±0.1c
	4年	2.03±0.13b	3.68±0.51b	3.31±0.33c	1.96±0.08a	0.13±0.03c	0.083±0.008b	0.045±0.003b	37.9±4.2b	5.3±0.6b	2.0±0.0b
	5年	0.71±0.18d	1.21±0.09d	4.30±0.53c	0.74±0.14d	0.26±0.054a	0.11±0.015b	0.048±0.008ab	18.8±5.1c	10.7±1.8a	3.6±0.4a
茎	2年	1.45±0.04a	9.91±1.02a	9.21±0.55a	1.29±0.21a	0.075±0.001a	0.24±0.042a	0.22±0.012a	36.0±5.1ab	9.3±1.1b	1.1±0.1b
	3年	1.04±0.06b	7.63±0.85b	8.70±0.62a	0.82±0.04b	0.052±0.003b	0.18±0.008b	0.099±0.003b	45.4±8.6a	5.3±0.4d	0.4±0.1c
	4年	1.10±0.02b	3.84±0.24c	9.17±0.49a	1.23±0.05a	0.073±0.007a	0.17±0.020b	0.11±0.009b	28.4±1.5bc	7.0±1.5c	2.8±0.3a
	5年	0.37±0.08c	0.58±0.13d	5.13±0.97b	0.92±0.11b	0.074±0.002a	0.16±0.007b	0.097±0.005b	20.0±3.1c	11.2±1.0a	0.23±0.2c
叶	2年	2.20±0.05a	15.78±0.42a	9.57±0.42a	1.94±0.21a	0.12±0.010a	0.11±0.022a	0.44±0.037a	54.7±3.0a	6.1±0.6b	0.67±0.3b
	3年	1.95±0.03b	15.95±0.24a	8.09±0.75b	1.96±0.01a	0.12±0.012a	0.12±0.007a	0.47±0.020a	47.5±6.3ab	8.1±0.3a	0.1±0.1b
	4年	1.86±0.09b	8.59±0.39b	5.93±0.32c	1.82±0.06a	0.12±0.015a	0.10±0.011a	0.33±0.021b	40.8±3.0b	6.3±0.6b	2.5±0.3a
果	2年	2.85±0.15b	14.67±1.06b	5.25±0.27a	1.94±.021a	0.07±0.004b	0.12±0.019a	0.26±0.052a	48.3±5.3a	8.0±0.3a	0.57±0.1b
	3年	2.95±0.08b	17.22±0.72ab	5.54±0.54a	1.96±0.07a	0.10±0.025a	0.094±0.008a	0.26±0.027a	46.1±5.2a	9.5±1.2a	0.0±0.0c
	4年	3.38±0.13a	18.60±1.90a	3.99±0.33b	1.82±0.08a	0.09±0.003ab	0.10±0.017a	0.17±0.009b	38.8±4.7a	6.3±0.8b	1.1±0.3a

注："Nd"表示未检测到；5年时叶片凋落，叶与果未取样。不同小写字母表示不同种植年份间同一元素在土壤或植物同一器官中含量存在显著性差异（$p<0.05$）。

根真菌（AMF）的侵染情况，用放大交叉法记录数据，计算泡囊侵染率、丛枝侵染率和菌丝侵染率（盛萍萍等，2011）。另按照刘晓蕾（2006）采用的方法测定土壤中球囊霉素的含量。

图 4-12 为侵染到掌叶覆盆子根系的 AMF 的泡囊、菌丝和丛枝结构。连作后，AMF 侵染显著减少（表 4-4）。球囊霉素是土壤有机碳库中最重要的碳来源，掌叶覆盆子种植 2～5 年土壤中球囊霉素含量分别为（119.3±11.1）、（127.1±1.0）、（124.4±4.3）和（135.9±3.4）mg/g，差异并不显著。这可能是因为球囊霉素难溶于水，不被蛋白酶水解，在土壤中稳定存在。可见连作并不影响这部分有机碳的含量。

表 4-4　掌叶覆盆子根系丛枝菌根真菌侵染情况

类型	泡囊侵染率/%		丛枝侵染率/%		菌丝侵染率/%	
	幼根	老根	幼根	老根	幼根	老根
野生	8.22±1.35	5.71±1.60	10.96±1.48	9.68±1.32	44.80±3.23	40.03±2.98
2 年	4.99±0.69	2.51±0.51	7.23±0.36	6.01±0.69	22.94±2.15	17.79±1.25
4 年	2.74±0.43	1.00±0.32	4.49±0.52	3.49±0.52	17.80±1.62	12.44±1.74

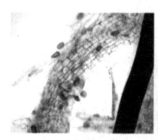

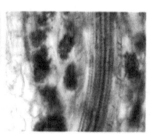

　　(a) 泡囊侵染(200×)　　　　　(b) 菌丝侵染(200×)　　　　　(c) 丛枝侵染(400×)

图 4-12　掌叶覆盆子根系丛枝菌根真菌侵染情况（彩图见附录）

4.5.4　掌叶覆盆子根腐病致病菌的分离、鉴定与防治

取连种 4 年基地的病株根部病健交界处与茎的基部材料，剪成 1～2cm 长小段，加入适量洗洁精，流水冲洗 30min，用 75％酒精消毒 30s，0.1％升汞消毒灭菌8min，无菌水洗 5 遍。在超净台上剪去根段的两端，横置于 PDA 培养基上。茎切成圆片，剥离表皮，内层贴于 PDA 培养基上。培养箱中 28℃培养 5～6d，尽量挑取单菌落，用平板划线，纯化 3 次后，接种于试管斜面，标号并保存。为进一步观察分离所得真菌形态及是否有杂菌掺入，用 PDA 液体培养法和盖玻片插片法再培

养各管真菌,制作临时装片,观察菌丝形态。

从上述再培养的真菌中选取典型的 6 管真菌做分子鉴定,提取基因组 DNA,用通用引物 ITS1(5′-TCCGTAGGTGAACC

TGCGG-3′) 和 IST4 (5′-TCCTCCGCTTATTGATATGC-3′) 进行 PCR 扩增(Watanabe et al., 2011)。20μL 体系中含 10×Ex Taq 缓冲液 2.0μL,模板 0.5μL,5p 引物各 0.8μL, 2.5mmol/L dNTP 1.6μL,5U Ex Taq 0.2μL。PCR 反应程序:95℃ 5min;95℃ 30s,55℃ 30s,72℃ 40s,35 循环;72℃ 10min。割胶纯化后测序,将测序结果拼接后进行比对分析。

从根系和茎基部病健交界处,我们分离得到清晰可见的 10 份真菌(图 4-13a),形态和 ITS 鉴定结果表明 1 号和 3 号均为蓝状菌属真菌或嗜松青霉,2 号为裂褶菌,5 号为 *Talaromyces verruculosus*。4 号为尖孢镰刀菌(*Fusarium oxysporum*)(图 4-13b,d),6 号为腐皮镰刀菌(*Fusarium solani*)(图 4-13c,e)。这两种镰孢菌

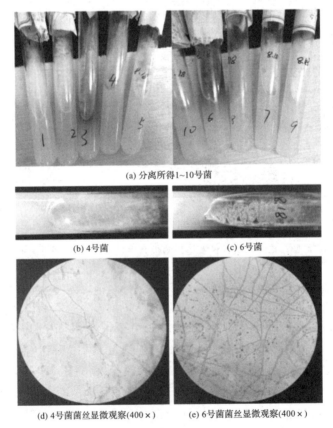

(a) 分离所得1~10号菌

(b) 4号菌　　　　　　　　(c) 6号菌

(d) 4号菌丝显微观察(400×)　　　　(e) 6号菌菌丝显微观察(400×)

图 4-13　掌叶覆盆子根腐致病菌的分离(彩图见附录)

可能是掌叶覆盆子根腐病的主要诱因。大田试验结果表明用甲霜恶霉灵、代森锰锌等灌根及加生根粉处理有一定的效果,但具体浓度及更有效的方法还有待进一步筛选。

作物连作后均会出现不同程度的连作障碍,生长变弱,产量降低、品质下降。作物连作障碍的主要原因有土壤理化性状恶化、土壤微生物种群及酶活性变化、养分失调以及根系分泌物自毒物质累积等。我们的研究结果表明,掌叶覆盆子连作后土壤养分发生改变,pH 值降低,AMF 共生减少,致病微生物增加。

随着覆盆子种植面积的不断扩大,病害发生日渐严重,主要包括灰霉病、茎腐病、根腐病、叶斑病和炭疽病等(傅俊范等,2009;张铉哲等,2013;王友升等,2015)。Graham 等(2011)报道红树莓根腐病的主要致病菌为疫霉属(*Phytophthora*),致病因素主要有 3 点:易感的品种,径流的水和污染的土壤。根腐病的防治仍缺少有效的杀菌剂,因此建议:①可选择从未种过覆盆子的土壤种植;②种在山坡上,排水通风良好;③筛选抗性植株或提高植株抗性。研究表明,同为悬钩子属植物,掌叶覆盆子根腐病的主要致病菌可能为镰刀菌属的尖孢镰刀菌和腐皮镰刀菌。镰刀菌产孢能力很强,孢子传播途径很多,除土传外还可通过空气传播,且其能产生毒素,造成植物萎蔫死亡;镰刀菌能侵染植物维管束系统,破坏植物的输导组织(赵杰等,2013)。在石蜡切片中观察到的根、叶的维管组织及茎皮层中的晶体结构,可能正是植物的防御性保护结构。镰刀菌病害在生产上属于防治最困难的重要病害之一,目前主要采用抗病育种及生物防治方法,化学防治只能以预防为主,植物一旦受到侵染其治病效果甚微。甲霜恶霉灵、代森锰锌等药物加上生根粉,对镰刀菌病害防治有一定的效果,但仍需继续筛选合适浓度及其他有效方法。掌叶覆盆子种植园应选择通透性好、土质肥沃、灌排水方便的地块,pH 值为 5.5~7.0;种过土豆、西红柿、茄子、草莓的地块,不建议选用;以前种过出现根腐病的烟草、大豆、豌豆、萝卜、白菜等的地块也不适宜选用。掌叶覆盆子根蘖挖苗带走的病菌会导致根腐病发生提前,刚栽两三年也会严重发病。因此,急需加快掌叶覆盆子根腐病防治步伐,开发专用制剂,选择抗性品种,解决生产问题。

4.6　掌叶覆盆子标准化栽培模式

掌叶覆盆子标准化栽培模式见表 4-5 和表 4-6。

表4-5 掌叶覆盆子标准化栽培模式（上）

时间	11			12			1			2			3			4			5			6			7			8			9			10		
月份/旬	上	中	下	上	中	下	上	中	下	上	中	下	上	中	下	上	中	下	上	中	下	上	中	下	上	中	下	上	中	下	上	中	下	上	中	下
物候期	落叶休眠期												萌芽期基生枝出土期			开花坐果期			果实生长期 / 药用果实采收期 / 鲜食果实采收期			鲜食果实采收期			采后生长期											

栽培技术要点及病虫害防治措施：

苗木定植（11月—2月）

1.选择向阳避风且灌排便利地块,土壤应含腐殖质,pH值为6.5～7.0。如要采摘或观光,还宜选择交通便利的山坡或田园。

2.定植前2个月完成挖定植穴。定植穴深0.35m,直径0.8m。每穴施有机肥15～20kg+钙镁磷肥0.3kg,直混匀+45%三元复合肥(N:P:K=15:15:15)30kg,上层覆表土。回填筑高出畦面0.10～0.15m龟背状定植墩,待植。

3.株行距2m×2.2m,每亩控制在150株左右。

4.栽植时,对山地在龟背状定植墩处挖深20cm,直径40cm的坑穴。对田地在定植点上挖深5cm的浅坑穴。把苗木放入坑穴内,舒展根系,扶正,把细土填入、边填土边提苗,轻踏,浇足定根水,在定植墩盖上黑地膜或覆草,草厚10～15cm。

5.花前剪除干枯枝、病弱枝、细羽枝。

开花坐果期管理 / 果实采收期（3月—6月）

1.开花前喷施营养型叶面肥和硼肥,每10天喷1次,连喷3次。

2.根据需要去除多余的基生枝,基生枝长到170cm时对植株进行摘心,促进侧芽萌发成分枝。每株丛选留生势壮的基生枝2～3株,其余剪掉;侧生枝长120～150cm,摘顶,控制结果条长势。长出的基生枝的小苗可作为新种植的基生枝和侧枝全部保留。

3.果实由绿变黄时采收,叶,置沸水中略烫或蒸、取出,干燥,置干燥处贮藏。

4.果实转红后,颜色鲜亮,手采糧果子容易采摘,此时口感最佳。采收时要做到轻采轻放,避免果实折伤或者压伤。

5.采收果实放在阴凉处,避免强光照射,鲜果不易储藏,要及时销售或者送去加工。

修剪、施肥（5月—6月）

1.采果结束后,对已结果母枝保留50～80cm主干,其余果枝条剪掉。剪去果母枝,清园后在距保留30cm处开沟沟施肥,每株丛施有机肥15～20kg,45%三元复合肥(N:P:K=15:15:15)500g。

2.结果母枝修剪结束后,保留的结果枝基生枝继续在残留的结果母枝上。当枝条超过100cm时,要搭架引枝。行间边距1.5m,每5～10m立一根柱,距地高1.5m,拉两道铁丝将枝条垂直夹在铁丝线内,适当扎绑。

灌排水（7月—10月）

在干旱季节应及时灌水,采用滴灌或者沟灌方式;在雨季来临之前应及时疏通排水沟,园内不得有积水。

表 4-6　掌叶覆盆子标准化栽培模式（下）

质量安全控制要求	主要任务	防治原则	农业防治	物理防治	化学防治
1. 产地空气质量、灌溉水质量、产地土壤质量应符合《环境空气质量标准》(GB 3095—2012)、《农田灌溉水质标准》(GB 5084—2021)、《土壤环境质量 农用地土壤污染风险管控标准(试行)》(GB 15618—2018)。 2. 农药和肥料应符合《农药安全使用规范 总则》(NY/T 1276—2007)、《肥料合理使用准则 通则》(NY/T 496—2010)	病虫害防治	按照"预防为主,综合防治"的植保方针,优先采用农业、物理、生物防治,辅以化学防治	选择健壮无病害的母苗,及时清除园内的老枝、病枝、虫害枝,清洁田园,减少病虫源。通过农艺措施加强栽培管理,创造有利于母株生长和种苗生长的环境,增加植株的抗病虫能力	采用杀虫灯或黑光灯、粘虫板、糖醋液等诱杀、人工捕杀害虫	灰霉病:用30%甲霜恶霉灵800倍液或甲霜双500倍药液,5月~6月喷洒茎基部1次~2次　褐斑病:用10%苯醚甲环唑可湿性粉剂1000~1500倍液或250g/L吡唑醚菌酯乳油1500~1800倍液,发生初期喷雾防治　红蜘蛛:用20%丁氟螨酯悬浮剂1500倍液或43%联苯肼酯悬浮剂3000倍液,害虫初期喷雾防治　小猿叶甲、黄刺蛾等食叶害虫:用2000倍维菌素乳油或1.8%阿维菌酯乳油,在危害初期喷雾防治　已蛀入干内的中、老龄幼虫:用20%氯氰菊酯乳油或2.5%溴氰菊酯乳油3000倍液,100~300倍液注入虫孔

参考文献

程艳,2018.黄山市掌叶覆盆子发展优势及种植技术[J].安徽农学通报,24(6):109,112.

冯代弟,王燕,陈剑平,2015.植物组培褐化发生机制的研究进展[J].浙江农业学报,27(6):1108-1116.

傅俊范,傅超,严雪瑞,代汉萍,于舒怡,韩霄,2009.辽宁树莓病虫害调查初报[J].吉林农业大学学报,31(5):661-665.

高红兵,唐晓杰,孟庆繁,2006.高浓度6-BA诱导酸樱桃苗的玻璃化苗内源激素含量变化[J].林业科学研究,19(4):488-490.

何春雷,夏建平,刘桂菜,2019.浅谈景宁县掌叶覆盆子标准化生产关键技术[J].农业开发与装备,(10):161,237.

胡理滨,华金渭,吉庆勇,2021.掌叶覆盆子规范化生产关键技术[J].东南园艺,9(5):63-66.

胡理滨,王志安,刘跃钧,沈晓霞,孙健,沈宇峰,吴敏敏,蒋燕锋,吴剑锋,周成敏,王银燕,郑平汉,汪利梅,2018.掌叶覆盆子生产技术规程:DB33/T 2076—2017[S].浙江省地方标准.

江景勇,陈珍,卢秀友,洪莉,2013.掌叶覆盆子根插快繁育苗技术[J].浙江农业科学(2):145-146.

江景勇,陈珍,徐春燕,林雪锋,王娇阳,邱莉萍,赵永彬,周晓肖,金罗漪,何贤彪,陈友存,2019.掌叶覆盆子种苗繁育技术规程:DB3310/T 53—2018[S].浙江省台州市地方标准.

江景勇,陈珍,赵永彬,王娇阳,2017.一种掌叶覆盆子省力化单株整形栽培方法:201710508146.0[P].2017-10-03.

李纯佳,张颖,周宁宁,张婷,晏慧君,李淑斌,蹇洪英,唐天学,2012.大花香水月季(*Rosa odorata* var. Gigantea)茎段组织培养的抗褐化研究[J].西南农业学报,25(3):1047-1050.

李海燕,王小敏,李维林,吴文龙,2011.树莓品种'Kivigold'组培快繁技术体系建立[J].中国农学通报,27(4):203-207.

刘晓蕾,2006.土壤中总球囊霉素测定方法的研究及初步应用.[D]北京:中国农业大学.

潘彬荣,张永鑫,岳高红,许立奎,2010.氮肥对掌叶覆盆子植株性状和产量的影响[J].江西农业学报,22(12):69-71.

盛萍萍,刘润进,李敏,2011.丛枝菌根观察与侵染率测定方法的比较[J].菌物学报,30(4):519-525.

孙长清,邵小明,祝天才,邹国辉,2005.掌叶覆盆子的根插繁殖[J].中国农业大学学报,10

(2):11-14.

王利平,陈珍,江景勇,郑江仙,徐婷婷,宋颖婷,2013.优质掌叶覆盆子快繁体系的建立[J].浙江农业科学(8):967-970.

汪秀媛,邹奕巧,刘玲玲,陈珍,江景勇,2022.掌叶覆盆子组培快繁体系中生长调节剂与矿质元素的优化[J].浙江农业学报,34(7):1431-1438.

王友升,张燕,何欣萌,陈玉娟,2015.1株树莓果实采后病原真菌的 rDNAITS 序列及碳源代谢指纹图谱分析[J].中国食品学报,15(8):224-230.

王云冰,江景勇,2020.掌叶覆盆子诱导培养的抗褐化研究[J].浙江农业科学,61(1):46-48,51.

吴叶青,张锴,金小岚,2020.德兴市农业气候变化及其对覆盆子产量的影响[J].气象与减灾研究,43(2):143-148.

闫翠香,邵小明,2020.掌叶覆盆子种子繁殖力关键影响因素分析[J].种子,39(1):97-102.

杨琼芬,卢丽丽,包丽仙,白建明,李先平,潘哲超,赵盈兰,隋启君,2012.营养元素的使用对马铃薯脱毒组培苗生长的影响[J].中国马铃薯,26(4):193-198.

尹永飞,景志贤,张珂,刘小芬,李石清,刘浩,2019.华东覆盆子生态适宜性区划研究[J].中国现代中药,21(10):1342-1347.

游晓庆,陈慧,李晓辉,于宏,朱恒,黎芳,刘俊,2019.不同种源掌叶覆盆子种子和果实表型性状及发芽率研究[J].南方林业科学,47(3):16-19.

余京华,朱德平,向胜华,刘静,王前涛,王燕萍,2021.掌叶覆盆子在宜昌市的发展前景和关键技术及对策建议[J].中国农技推广(10):8-9.

张小辉,范祥祯,鲍英杰,谢爱香,唐昌贻,2021.种根尺寸对掌叶覆盆子埋根育苗效果的影响[J].林业科技,46(1):4-7.

张铉哲,刘铁男,李新新,王晨,解明静,陈聪,2013.树莓茎腐病菌的生物学特性研究[J].东北农业大学学报,44(4):77-82.

赵杰,王静,李乃会,孔凡玉,张成省,冯超,夏艳,2013.烟草镰刀菌根腐病病菌致病粗毒素的研究[J].植物保护(3):61-66.

邹国辉,罗光明,孙长清,王黎明,邵小明,2008.掌叶覆盆子 GAP 栽培技术研究[J].现代中药研究与实践,22(4):3-5.

Debnath SC,2004. Clonal propagation of dwarf raspberry(*Rubus pubescens* Raf.) through in vitro axillary shoot proliferation[J]. Plant Growth Regul,43:179-186.

Graham J,Hackett CA,Smith K,Woodhead M,MacKenzie K,Tierney I,Cooke D,Bayer M,Jennings N,2011. Towards an understanding of the nature of resistance to Phytophthora root rot in red raspberry[J]. Theor Appl Genet,123:585-601.

Poothong S,Reed BM,2015. Increased $CaCl_2$, $MgSO_4$, and KH_2PO_4 improve the growth of micropropagated red raspberries[J]. In Vitro Cell Dev-PL,51:648-658.

Vujović T，Ružíćɖ，Cerović R，Momirović GŠ，2010. Adventitious regeneration in blackberry (*Rubus fruticosus* L.) and assessment of genetic stability in regenerants[J]. Plant Growth Regul,61:265-275.

Watanabe M，Yonezawa T，Lee K，Kumagai S，Sugita-Konishi Y，Goto K，Hara-Kudo Y,2011. Molecular phylogeny of the higher and lower taxonomy of the *Fusarium genus* and differences in the evolutionary histories of multiple genes[J]. BMC Evol Biol,11:322.

Wu JH，Miller SA，Hall HK，Mooney PK，2009. Factors affecting the efficiency of micropropagation from lateral buds and shoot tips of *Rubus*[J]. Plant Cell Tiss Org Cult,99:17-25.

第5章　掌叶覆盆子采摘加工

　　覆盆子药果品质直接影响其饮片的药效。《中国药典》(2015)版规定,鞣花酸和山柰酚-3-O-芸香糖苷含量不低于 0.2% 和 0.03%。目前,市售覆盆子鱼龙混杂、品质参差不齐、一致性和稳定性差,价格起伏不定,急需科学简便的方法判定覆盆子品质。前期研究结果表明,掌叶覆盆子果实品质与发育时期及生长环境密切相关,鞣花酸含量随着果实的发育呈现先上升后下降的趋势。然而农民大多凭经验判断成熟期,忽略不同环境可能带来的品质形成差异,盲目跟风采收,使得药果品质不达标,生产效益下降。为克服现有技术的不足,我们研发了覆盆子指标成分含量的科学预测方法,可指导药农科学采收,保证药材质优稳定(李小白等,2020)。

　　药典规定,果实由绿转为绿黄色时为掌叶覆盆子果实药用的最佳采摘期。采时可将枝条翻转过来徒手或用工具采摘,也可把整个枝条剪下集中脱粒,除净梗叶,用沸水略烫或略蒸后置于日下晒干或直接烘干,筛去灰屑,拣净杂物,去梗即可。若遇阴雨天,则应及时摊开置通风处晾干或烘干,切勿堆压,以防霉心,置干燥处贮藏(图 5-1)。然而,掌叶覆盆子植株普遍带刺,枝干和小枝及叶背面均有刺,果实采摘难度较高。过去采摘方式以手工为主,手易被刺伤,衣物也很易划破,采摘效率低下,采摘成本较高。以每亩平均产 250～300kg 药用青转黄鲜果为例,人工采摘每天 20～25kg,需 12 人。人工成本约每斤 5 元,每亩需采摘成本为 2000～3000 元。且掌叶覆盆子果实青转黄持续时间约 5～7d。时间短,用工紧,严重制约覆盆子的采收。针对合作社规模化种植、散户自留地和山坡种植等不同情况,我们分别开发了掌叶覆盆子果实脱粒装置、脱粒工具和采摘装置,极大提升了覆盆子的采摘效率(陈珍等,2018a,b;谢依雯等,2021)。

5.1 掌叶覆盆子药用果实最优采摘时间

在两个不同气候特征地区(浙北和浙南),研究人员对覆盆子药用指标进行了监测,挖掘了指标成分与气象因子之间的关联性,并在此关联性的基础上总结规律,进行量化。2018 年,研究人员在浙江淳安临岐覆盆子产区,记录有效积温和温差积温。其中,有效积温是 10℃以上日平均气温值减去 10℃之后的逐日累计结果;温差积温指的是日最高温和最低温之差的逐日累计结果。在果实发育 8d 后每隔 3d 采集果实,按照药典方法测定山奈酚-3-O-芸香糖苷(K3R)和鞣花酸(EA)含量。采用 Mathematica 软件建立相关性模型,求解 2 种成分符合标准所需的果实发育时间,根据时间交集预测采收时间点,再以此为中心,划定时间段作为采收窗口,逐步采收药果,等量混匀,以保证药材两个指标均合格。

图 5-1　掌叶覆盆子药用干果采收

收集覆盆子产区的果实发育、药用干果 K3R 和 EA 含量以及气温参数数据,研究其动态变化规律,以此预测 K3R 和 EA 在特定时期的含量。研究表明,2018 年相应产地(淳安临岐和莲都碧湖)的果实 K3R 和 EA 含量在果实发育过程中非单调变化,而是呈曲线变化且有峰值(图 5-2)。K3R 和 EA 含量在果实发育过程中表现出一定的气候特征,积温速率快则含量变化剧烈,反之则变化比较平缓。

我们经过反复模拟,最终基于温差积温与 K3R、EA 的关系建立算法模型,通过所述模型对次年的果实品质动态变化数据进行验证,根据预测模型以及当年气温数据来预测 K3R 的含量,以此推算适宜的采收时间段。以平均果实重量为辅助参数,对根据温度预测的结果进行二次筛选,最后确定采收时间段和可采收的果实。

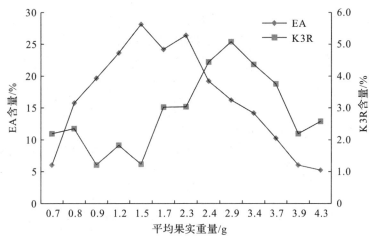

图 5-2 覆盆子产区果实发育过程中山奈酚 3-O-芸香糖苷(K3R)和鞣花酸(EA)含量变化

采用 Mathematica 统计软件,根据淳安临岐基地掌叶覆盆子果实 EA 含量与有效积温之间的相关性建立数学模型(图 5-3a):

$$y = A_0 + A_1 x + A_2 x^2 + A_3 x^3 + A_4 x^4 \tag{5-1}$$

$$x = \sum_{i=1}^{m} (x_i - 10) \tag{5-2}$$

$$A_0 = -2.28 \times 10; \ A_1 = 7.12 \times 10^{-1}; \ A_2 = -3.37 \times 10^{-3};$$
$$A_3 = 5.86 \times 10^{-6}; \ A_4 = -3.49 \times 10^{-9};$$

式中,y 为 EA 的含量(%)。x 为有效积温,即大于 10℃的积温;x_i 为发育时期第 i 天的日平均气温。

结果表明,根据 2018 年淳安临岐数据构建的数学模型的拟合度较高($R^2 = 0.9322$),且该模型具有统计显著性,($F = 201.27$,$p = 4.65 \times 10^{-8} < 0.001$)。说明此数学模型可以很好地描述 EA 含量与有效积温之间的关系。EA 含量高于

0.2%的有效积温区间的近似整数解为99～275h。

采用 Mathematica 统计软件,根据淳安临岐基地覆盆子果实 K3R 含量与温差积温之间的相关性建立数学模型(图5-3b):

$$y=A_0+A_1x+A_2x^2+A_3x^3+A_4x^4+A_5x^5 \tag{5-3}$$

$$x=\sum_{i=1}^{n}x_i \tag{5-4}$$

$$A_0=-4.11\times10;A_1=1.22;A_2=-1.27\times10^{-2};$$

$$A_3=6.04\times10^{-5};A_4=-1.32\times10^{-7};A_5=1.07\times10^{-10};$$

式中,y 为 K3R 的含量(%);x 为温差积温;x_i 为发育时期的第 i 天的温差。

结果表明,根据 2018 年淳安临岐数据构建的数学模型的拟合度较高($R^2=0.9000$),且该模型具有统计显著性($F=136.34,p=8.12\times10^{-7}<0.001$)。说明此数学模型可以较好地描述 K3R 含量与温差积温之间的关系。由于此方程存在多个顶点,此处定义 x 在 200～400 区间内存在生物学意义,且可预测 K3R 的含量。K3R 含量高于 0.03% 的温差积温区间的近似整数解为 240～368h。

由此得出以下结论:从盛花期开始计算的,效积温在 99～275 区间内的情况下,掌叶覆盆子果实药用成分 EA 的含量是合格的;温差积温在 240～368 区间内的情况下,掌叶覆盆子果实药用成分 K3R 的含量是合格的。

因此,在不同的气候条件下,掌叶覆盆子果实成熟的速度有差异,对应的 EA 含量也存

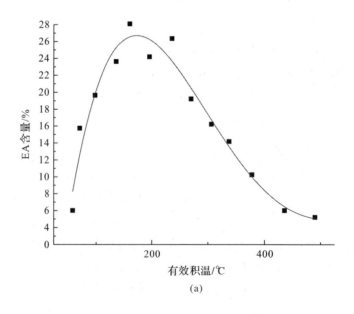

(a)

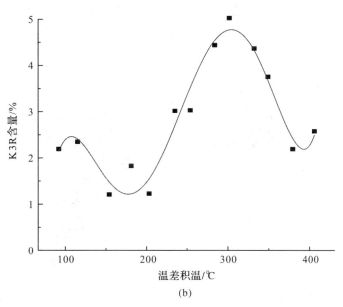

图 5-3　淳安临岐覆盆子产区果实 EA 和 K3R 含量分别与有
效积温和温差积温的相关性

在差异。通过上述有效积温与 EA 含量的预测模型确定两类模型,第一类适用于有效积温增速慢的情况。第二类适用于有效积温高且增速快的情况,基于有效积温和 EA 含量变化规律可预测果实中 EA 含量,同时以果重为根据,二次筛选可精确地确定果实的采收期,这将有利于掌叶覆盆子药用果实的差异采收,保证药用成分 EA 的含量达标,实现药企和农户的双赢。

5.2　掌叶覆盆子果实机械化脱粒装置

掌叶覆盆子植株浑身具皮刺,采摘时容易刺破衣物,划伤工人,且覆盆子果粒小,人工采摘、脱粒效率较低,在一些规模化种植园常出现果实来不及采收就转红,或采收后不能及时脱粒等问题。为了提高覆盆子采摘、脱粒效率,降低生产成本,我们设计了一种具有自动分离功能的果实脱粒机(陈珍等,2018a),对于提高掌叶覆盆子果实与茎秆的分离效率具有重要作用。具体设计见图 5-4。该脱粒装置包括用于分离果实和茎秆的脱粒机构,以及于分开果实与茎秆、芒屑的分离机构,和用于果粒分级的分拣机构。

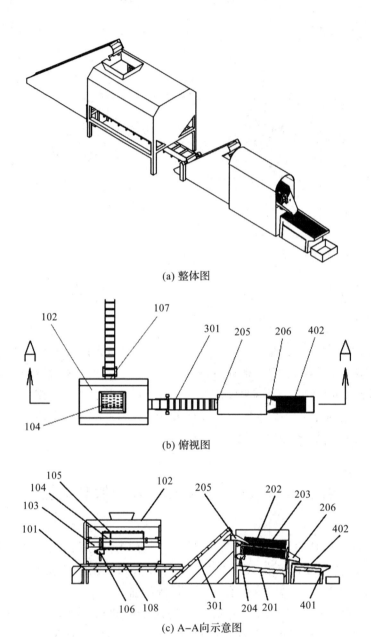

(a) 整体图

(b) 俯视图

(c) A-A向示意图

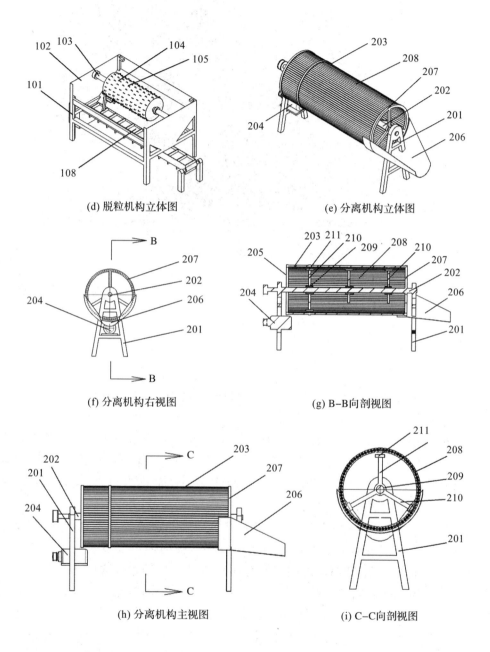

(d) 脱粒机构立体图

(e) 分离机构立体图

(f) 分离机构右视图

(g) B-B向剖视图

(h) 分离机构主视图

(i) C-C向剖视图

(j) 实物图

101—支架Ⅰ,102—箱体,103—滚动轴Ⅰ,104—筒状体,105—凸起,106—驱动机构,107—进料口,108—出料口,201—机架Ⅱ,202—滚动轴Ⅱ,203—圆筒体,204—驱动机构Ⅱ,205—进料口Ⅱ,206—出料口Ⅱ,207—环状体,208—棒状体,209—圆环,210—支撑架,211—叶片,301—传输机构,401—机架Ⅲ,402—振动盘。

图 5-4　覆盆子果实脱粒装置

脱粒机构包括支架Ⅰ(101)和箱体(102),箱体内设置有滚动轴Ⅰ(103),其上设置有筒状体(104),筒状体表面凸起(105),凸起可以把果实和茎秆分离。滚动轴Ⅰ由驱动机构Ⅰ(106)驱动。箱体侧面或上面设置有进料口Ⅰ(107),侧面或下面设置有出料口Ⅰ(108)。掌叶覆盆子枝条从田间割下,从进料口送入箱体,经筒状体转动后实现果实和茎秆分离,分离后的物料一起从出料口排出,再由传输机构(301)输送到下面的分离机构。

分离机构包括支架Ⅱ(201),其上设置有滚动轴Ⅱ(202),在驱动机构Ⅱ(204)的驱动下转动。该滚动轴上设置有圆筒体(203),圆筒体表面设置有内侧壁与外侧壁相互贯通的空隙,圆筒体两端设置有环状体(207),环状体之间固定有一圈棒状体(208),棒状体之间的间隙比果实的直径小,比茎秆的直径大。圆筒体的轴线方向与水平方向设置有倾斜角。滚动轴Ⅱ上设置有圆环(209),圆环由支撑架(210)支撑,该支撑架上有与圆筒体做相对运动的叶片(211)。分离机构也设置有进料口Ⅱ(205)和出料口Ⅱ(206)。脱粒机构送来的果实和茎秆由进料口进入圆筒体并随之滚动,茎秆和芒屑从圆柱形间隙掉落出来,而分离出的果粒从出料口排出,再传送到下面的分拣机构。另外,当掌叶覆盆子的果实和茎秆在圆筒体内滚动时,叶片(211)的运动可以进一步对果实与茎秆做进一步的分离,使其分离得更彻底。

分离机构下接有分拣机构,包括机架Ⅲ(401)和振动部件。振动部件上设置有振动盘(402),振动盘由水平排列的棒状条组成,棒状条之间根据掌叶覆盆子果粒大小设置有合适的间隙,盘上设置有纵向贯通的通孔。分拣机构可对大小不同的果实进行进一步分类,小的果实从圆盘的间隙掉落到下面的收集盒Ⅰ,大的果实从圆盘上滚落到大的收集盒Ⅱ,从而方便分级出售。

上述方法自动化程度高,可以减少手工逐粒采摘耗费的工时,大大提高了果实分离、分拣的生产效率。按每亩 500~600 斤药用鲜果计,人工采摘成本约 4~5 元每斤,带刺植株一天每个女工采 20~30 斤,这样每亩地采摘成本就要 2000~3000 元。若用所述的装置帮助采摘,一天可以采 70~80 斤,采摘成本就降至 500 元左右。结合机械化脱粒,从田间收割下来后很快就可以实现集中脱粒。目前这款机器已投产使用,市售价格 8000 一台,林家洋村已经购入多台,极大地提高了采摘效率。

5.3　掌叶覆盆子果实手动采摘装置

对于不便购买脱粒机器的农户,我们又设计了一款便捷的手动采摘装置(陈珍等,2018b)(图 5-5),该装置包括采摘盘(1)、多个呈 V 型的采摘刀(2)、手柄(3)和收集袋(4)。采摘盘具有镂空且下凹的弧状曲面,采摘刀均匀设置在采摘盘的上表面,开口朝向手柄方向,采摘刀的刀口底部与采摘盘上表面之间的距离为 1~2cm。采摘盘下端固定有手柄,手柄下端固定有收集袋。采摘时,操作者左手紧握掌叶覆盆子枝的前部,右手握紧手柄,使采摘刀的刀口接触果柄向下划。多个 V 形的采摘刀可有效割断连接掌叶覆盆子果实的果柄,同时采摘大量覆盆子果实,使果实经手柄落入收集袋中,大大提高了覆盆子果实的采摘效率。采摘盘具有镂空且下凹的弧状曲面,可有效地去除覆盆子的皮刺和叶片,很好地解决了操作者采摘掌叶覆盆子果实时双手容易受伤的问题。此外,手柄包括多个收缩部件(301),可伸缩嵌套在一起,可以根据采摘覆盆子果实的高低进行调整,扩大了覆盆子果实采摘范围。采摘刀由固定件(5)固定,可自由拆卸,方便操作者工作。

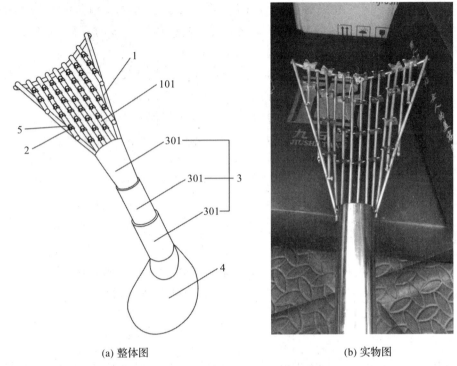

(a) 整体图   (b) 实物图

1—采接盘,2—采摘刀,3—手柄,4—收集袋,5—固定件,101—圆柱条,301—收缩部件

图 5-5　覆盆子果实采摘装置

5.4　掌叶覆盆子果实手动脱粒装置

对于不便购买脱粒机器的农户,我们又设计了一款手动脱粒装置(谢依雯等,2021),该装置包括工作台、脱粒板、分离板(带通孔)、过滤板(隔条和间隙)等部件(图 5-6)。通孔大小合理,形状可改进;过滤板倾斜设置,可直接利用覆盆子的重力让其自主滑落,自动收集,不会堆积于过滤板上;过滤板上的间隙可以用于分离过滤多余的枝叶,使其掉落到下方的收集桶中。总体而言,该装置生产成本低,工作效率高。

打开脱粒板(4),将掌叶覆盆子带青转黄药果的枝条放置于分离板(2)上,翻转脱粒板,压紧掌叶覆盆子枝条,向外拉扯枝条,使果实从枝条上脱离,穿过通孔落入过滤板(5)上,脱粒板上设置有提手(10)。脱粒板下方连接有倾斜的过滤板,其上有若干隔条(6),相邻两隔条设有间隙(7)。掌叶覆盆子果实从枝条上脱粒,掉落至过滤板,在重力的作用下,会往高度低的一端滑落,最终收集至工作人员放置的收集桶中,从而实现覆盆子果实的快速脱粒,提高了脱粒效率(图 5-7)。而多余的枝叶则从间隙掉落,可以在过滤板下方放置一个收集桶,收集掉落的枝叶或其他杂物。

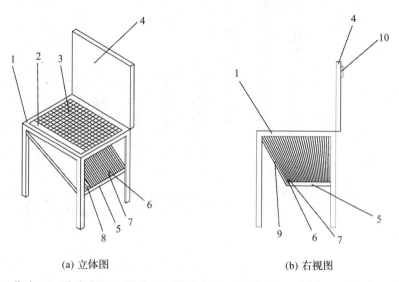

(a) 立体图　　　　　　　　　　(b) 右视图

1—工作台,2—分离板,3—通孔,4—脱粒板,5—过滤板,6—隔条,7—间隙,8—挡板一,9—挡板二,10—提手

图 5-7　覆盆子果实脱粒装置

5.5　鲜果采摘及采后处理

果实转红后,颜色鲜亮,易于采摘,口感最佳。采收时要做到轻摘、轻放,避免果实挤伤或者压伤。采收果实放在阴凉处,避免强光照射。鲜果不易储藏,要及时销售或者进行深加工。

我们初步试验了掌叶覆盆子果实的保鲜方法,结果表明,掌叶覆盆子九成熟(R9)果实在采收后仅能存放 37h,24h 开始就出现腐烂现象;八成熟(R8)果实可以存放 42h,七成熟(R7)果实可存放 68h。低温处理可使九成熟果实存放时间延长至 72h(图 5-8)。用 $200\mu mol/L$ 褪黑素浸泡 10min 可在一定程度上延长覆盆子的储藏期,并保持果实品质(图 5-9)。

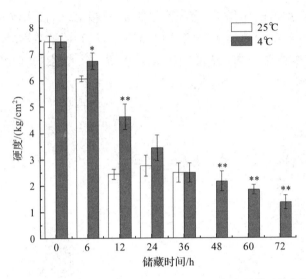

图 5-8　两种储藏温度下不同储藏时间的成熟掌叶覆盆子果实硬度

注：∗ 表示低温储藏与室温条件下果实硬度存在显著性差异（$p<0.05$），∗∗ 表示差异极显著（$p<0.01$）。

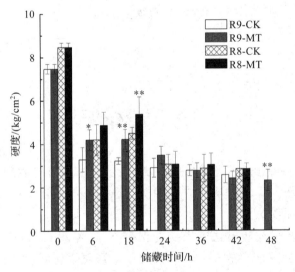

图 5-9　褪黑素（MT）处理条件下不同储藏时间的掌叶覆盆子果实硬度

注：CK 均为对照组，R8 表示八成熟果实，R9 表示九成熟果实；∗ 表示同一成熟度时 MT 处理与对照组相比差异显著（$p<0.05$）；∗∗ 表示差异极显著（$p<0.01$）。

褪黑素（N-乙酰基-5 甲氧基色胺，melatonin，MT）是一种低分子量吲哚杂环类化合物。研究证实，褪黑素可调控葡萄、番茄、香蕉和草莓等水果的成熟或采后衰老（Sun et al.，2015；Hu et al.，2017；Aghdam et al.，2017；Ma et al.，2021）。MT 可增加葡萄中酚类、花青素和类黄酮含量；采后 MT 处理可增加草莓中总酚和花青素含量，延缓荔枝中花青素、类黄酮和酚类的分解；MT 处理可增加梨中可溶性糖含量（Ma et al.，2021）。MT 可能与其他激素相互作用，如 ABA、乙烯、生长素和细胞分裂素（Arnao et al.，2018），但其作用机制仍需深入研究。MT 在覆盆子储藏保鲜中的作用及机制也有待进一步挖掘。

5.6　覆盆子葡萄酒酿制

目前掌叶覆盆子果实的利用形式主要是青果入药，其是一些中药制剂如五子衍宗丸、补肾益精丸、汇仁肾宝片等的主要成分。同时一些种植者也会自制一些药果或成熟红果的浸泡酒。制作发酵酒的方法是以掌叶覆盆子鲜果、水和白砂糖等为原料，进行自然发酵酿造，得到酒红色的含酒精饮料。由于掌叶覆盆子鲜果糖度有限，制成的产品风味和品质差异较大。因此我们开发出一种覆盆子葡萄酒酿制的方法，包括以下步骤。

（1）覆盆子干果的预处理：取掌叶覆盆子药用干果 6kg，用 150mg/L 的 SO_2 水溶液浸泡 15min，用无菌水清洗，接着用 4kg 纯净水浸泡 5～10h，滤水备用。

（2）葡萄预处理：新鲜采摘的葡萄，除杂、去梗后取 60kg 备用。

（3）启动发酵：将预处理后的覆盆子和葡萄装入发酵罐，混合，分批次添加 30mg/L SO_2 水溶液，2h 后添加 3.6g 果胶酶处理 2h。此后，添加活化酵母 12g 以启动发酵，温度控制在 18～25℃。5～8d 后取出皮渣。

（4）终止发酵：当残糖＜4g/L 时，添加 60mg/L 的 SO_2 终止发酵。此后自然澄清陈酿半年以上，最后经下胶、冷冻、膜过滤和灌装工序，制成干红葡萄酒成品。

该工艺制备的覆盆子葡萄酒酒精度 10.5%，鞣花酸 45.1mg/kg，总黄酮 2.82 g/kg，总糖 2.66g/L，总酸 6.5g/L，挥发酸 0.45g/L，干浸出物 19.8g/L，淡玫瑰红色，澄清有光泽，酒香纯正，含草莓、蓝莓等幽香，口感圆润，酸甜协调，酒体丰满。对比其他配方，该配方获得的覆盆子葡萄酒性能最佳（王云冰等，2018）。

本配方利用掌叶覆盆子近成熟干果进行发酵，此时覆盆子药用价值最佳，可充分获得对人体有益的营养保健成分，如氨基酸、水杨酸、覆盆子酮和鞣花酸等；通过充分酶解和控温发酵，这些成分与葡萄酒充分融合，容易被人体吸收。同时，调整覆盆子匀浆与葡萄汁的比例，可保证成品中有益成分的合适量，避免过剩。采用本配方酿制的覆盆子葡萄酒，具有益肾固精、养肝明目、保护血管、安和脏腑、悦泽肌肤及防癌抗癌等功效。除常规饮酒群体之外，还适宜于非传统饮酒群体，如肾气虚弱者、女性、心血管疾病者、肝功能受损者等。

参考文献

陈珍，江景勇，2018a. 覆盆子果实脱粒装置：201721451391.4[P]. 2018-05-11.

陈珍，江景勇，王娇阳，邱莉萍，2018b. 一种覆盆子果实采摘装置：201820791804.1[P]. 2018-12-07.

李小白，孙健，任江剑，金亮，2020. 覆盆子山奈酚-3-*O*-芸香糖苷及鞣花酸含量预测的方法：201910793332.2[P]. 2020-01-10.

谢依雯，王娇阳，米敏，陈珍 2021. 一种覆盆子脱粒工具：202021293656.4[P]. 2021-03-19.

王云冰，江景勇，王云冰，陈珍，邱莉萍，2018. 一种掌叶覆盆子葡萄酒酿制方法：201711050340.5[P]. 2018-03-17.

Aghdam MS, Fard JR, 2017. Melatonin treatment attenuates postharvest decay and maintains nutritional quality of strawberry fruits(*Fragaria × anannasa* cv. Selva) by enhancing GABA shunt activity[J]. Food Chem, 221:1650-1657.

Arnao MB, Hernandezruiz J, 2018. Melatonin and its relationship to plant hormones[J]. Ann Bot, 121:195-207.

Hu W, Yang H, Tie W, Yan Y, Ding ZH, Liu Y, Wu CL, Wang JS, Reiter RJ, Tan DX, Shi HT, Xu BY, Jin ZQ, 2017. Natural variation in banana varieties highlights the role of melatonin in postharvest ripening and quality[J]. J Agr Food Chem, 65: 9987-9994.

Ma WY, Xu LL, Gao SW, Lyu XN, Cao XL, Yao YX, 2021. Melatonin alters the secondary metabolite profile of grape berry skin by promoting *VvMYB*14-mediated ethylene biosynthesis[J]. Hortic Res, 8:43.

Sun QQ, Zhang N, Wang JF, Zhang HJ, Li DB, Shi J, Li R, Weeda S, Z B, Ren SX, Guo YD, 2015. Melatonin promotes ripening and improves quality of tomato fruit during postharvest life[J]. J Exp Bot, 66:657-668.

第6章 掌叶覆盆子产业现状与发展趋势

　　野生状态下掌叶覆盆子无人管理,自然产量低,且破坏严重。二十世纪七八十年代起,江西、浙江百姓开始在自留地少量种植。随后,一些种植者发现覆盆子市场潜力大,在江西德兴和浙江天台、三门、仙居、淳安、丽水等地,开始规模化人工栽培,由于经济效益可观,种植面积逐年翻倍。赣东北和浙江是我国覆盆子的主产区。江西德兴覆盆子保护面积为 2.08 万公顷(31.2 万亩),年产量 1500t。2011 年,德兴覆盆子被认定为国家农产品地理标志(闫翠香等,2013)。2018 年,浙江淳安覆盆子被农业农村部批准为国家农产品地理标志产品;2020 年,浙江丽水覆盆子获得了国家地理标志证明商标。2017 年,浙江省掌叶覆盆子种植面积为490 余公顷(7380 亩),2018 和 2019 年增至 800 公顷(1.2 万亩)和 8600 公顷(12.88万亩)(方洁等,2020;姜娟萍等,2021)。此后,由于掌叶覆盆子产业异军突起,产业链尚未完善,出现了覆盆子药果供过于求的现象,价格急剧回落,也影响了种植面积的进一步扩大。2022 年市场趋于健康发展,同时,掌叶覆盆子产业已向其他省份辐射,四川眉山、彭山和宜宾,云南文山及贵州的一些地区等均已成功引种栽培掌叶覆盆子,并取得了良好的经济效益。目前乡村振兴战略方兴未艾,掌叶覆盆子产业已成为一些乡村的特色产业;今后可继续完善产业链,形成集种植销售、采摘休闲、药旅融合、精深加工及地产文旅等为一体的特色健康产业发展模式,更好地以科技兴农助推乡村振兴。

6.1 产业现状

6.1.1 覆盆子药果种植面积与市场行情

　　覆盆子产业的发展和价格行情紧密相连。覆盆子价格在历史上波动频繁(图6-1),2005 年 5 月以前,价格在 15 元/kg 上下徘徊,下半年在短期内涨至 55 元/kg 左右;2006 年产新时价格暴跌至 30 元/kg 左右;2007—2010 年产新前,价格在 35 元/kg 上下波动;在 2010 年产新阶段,由于前期倒春寒影响,新货减产幅度较大,价格从 45 元/kg 飞涨至 110 元/kg 左右;2011 年一些农户看到了覆盆子发展的行情,开始零星地进行覆盆子家种,2011 和 2012 年行情处于稳步下滑的趋势,在 40~50 元/kg 波动;自 2013 年以来覆盆子开始出现供需缺口,2014 年产新时,价格便因人为因素由产新前的 90 多元/kg 快速涨至 150~160 元/kg,此后价格逐步攀升至 180~190 元/kg。2015 版《中国药典》发布之后,交货时,众多药企要求检验成分含量,四川品种过检率不及浙江品种,故逐渐将浙江品种发展为家种;进入 2016 年,价格从 140 元/kg 短时间涨到 200~220 元/kg,接着又在 8 月份突破 260 元/kg,持续了半年左右;2017 年央视报道亳州市场覆盆子掺假严重,当年由于大量山莓等其他品种被清出市场,价格上升到 350 元/kg(米敏等,2017)。

暴涨行情,让曾经的山间路边野果成为农民致富的"黄金果",也让一批率先尝鲜的农户收获颇丰。产地有农户表示,当年随便种上一亩掌叶覆盆子,一季下来轻松净赚几万元都是常见的事。在 2014—2017 年,覆盆子高价伴随着丰厚的效益,大大刺激了产区果农的种植积极性。产地农户纷纷把原本长在山上的野生植株移栽到大田矮坡地带种植,野生变家种,种植面积成倍扩大。浙江省中药材产业协会的统计数据显示,2017 年浙江全省掌叶覆盆子种植面积达 7.38 万亩,约占全国一半左右,比 2016 年的 2.38 万亩增长 2 倍多。其中淳安、宁海、浦江、磐安、武义等地发展较快,种植面积较大。淳安多达 2.9 万亩,2018 年投产面积 2.09 万亩,产量约 520t;天台从 2016 年的 180 亩猛增到 2017 年的 2500 亩。2019 年,浙江省掌叶覆盆子种植面积 8600 余公顷,产量 4000 多吨,远超出所需求的 800t(姜娟萍等,2021)。

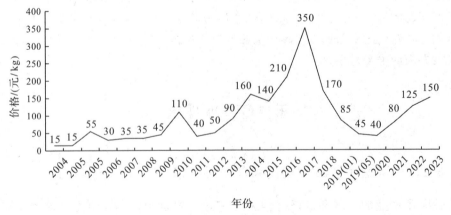

图 6-1　历年覆盆子价格走势图

除了浙江家种面积快速增加外,安徽宣城、江西德兴,湖北和贵州的一些地区等也在大力发展家种掌叶覆盆子。截至 2021 年底,浙江淳安掌叶覆盆子栽培面积稳定在 2 万多亩,并带动周边乡镇和安徽、江西和福建等周边省市,种植发展掌叶覆盆子近 5 万亩,产量 400 多吨,产值 1.6 亿元。

掌叶覆盆子栽培对土壤、技术要求不高,种植 15 个月后就可结果,投产和增产很快。第一年亩产量较低,可收药用干果约 20 千克,第二年约 40 千克,第三年达 80 千克。迅速扩张的产能,给市场行情走势埋下了隐患。2015 年栽种的掌叶覆盆子,到 2018 年已生长 3 年,亩产量可达 80 千克;2016 年栽种的掌叶覆盆子到 2018 年也进入盛产期,加之当年产区天气条件适宜,掌叶覆盆子长势良好,伴随而来的是行情出现下滑,价格暴跌至百元左右。2019 年浙江省掌叶覆盆子种植面积达到 12 万多亩,总产量约 5000t,自产新开始价格大幅跌落至每千克 40～42 元。覆盆子价格几年低迷,1/3 以上的园子已经弃摘、弃种、毁园改种其他,种植面积不断减少。2021 年减产利好,覆盆子价格开始回升,从产新前的 70～75 元/kg 上涨至 90 元/kg,现产地统货价格在 78～80 元/kg 不等。2023 年,覆盆子价格已回升至每千克 150 元左右。

6.1.2　掌叶覆盆子鲜果市场

随着生活水平的不断提高,居民消费意识逐渐提升,新型水果成了人们喜爱和追求的新消费对象。掌叶覆盆子鲜果形似树莓,口感甜、风味香、果个较大,在多地被称为"儿时记忆""童年味道",极具市场前景(余京华等,2021)。根据我们的实验结果,在科学种植下,掌叶覆盆子鞣花酸含量、花青素含量和维生素 C 含量均高于大多数树莓品种。树莓生长在北纬 50°～70°地区(McDougall et al.,2011;Mazur et al.,2014;Ponder et al.,2019),是北美和北欧最重要的经济作物之一。据统计,2017 年全球生产的红树莓和黑树莓达到 84 万 t,欧洲和美洲是最大的生产地(Foster et al.,2019)。且在过去的 14 年里,全球黑莓行业也经历了快速的增长,这是由不断增长的消费者需求、新品种的研发、先进的生产方法和全年的产品供应所驱动的。黑莓是目前美国排第四的经济作物,2016 年销售额达 5.49 亿美元。2015 年,墨西哥黑莓鲜果产业迅速扩张,种植面积近 11000 公顷,大部分产品销往美国和其他市场。其他地区黑莓鲜果产量也在增长,如南欧、澳大利亚和中南美洲。由此可见,掌叶覆盆子作为我国特色的"红树莓",虽在 2019 年和 2020 年遭遇药材市场价格滑坡,但其市场前景仍十分广阔,可以看齐欧美的树莓。随着乡村振兴战略的实施,休闲农业日渐兴起,而掌叶覆盆子果熟时期为 5 月初,正逢五一假期前后,此时枇杷、杨梅尚未上市,只有少量甜樱桃鲜售,正处于水果市场空档期,掌叶覆盆子鲜果定能成为水果新宠。

总体而言,目前掌叶覆盆子的鲜果种植面积很小,采摘与销售也是小范围,价格稳定在 30~40 元/kg。由于掌叶覆盆子鲜果极不耐储藏和运输,只适合就近就地鲜食,亟须加快产品深加工,如覆盆子酱、覆盆子酒、覆盆子醋、覆盆子罐头、覆盆子醋;特别应创建冷链系统,甚至借此实现我国特色"树莓"的出口,扩大市场。

6.2 产业发展存在的问题

随着成分分析和药理研究的突破,覆盆子保健价值渐入人心,市场需求激增,在高价行情的刺激下家种面积急剧增加,覆盆子产业在过山车似的发展过程中,暴露出一系列问题。

(1)种苗混杂,产量、品质良莠不均

掌叶覆盆子种苗主要源自山上野生,种植准入门槛低,面积迅速扩大,但良种缺乏,市场上甚至有用同属的其他果实(如山莓等)冒充的伪品。

(2)栽培管理粗放,机械化程度低

掌叶覆盆子种植及采收管理有一定的标准,但目前质量管理大多没有按照GAP(Good Agricultural Practices,良好农业规范)标准进行。技术人才缺乏,标准化生产落实不到位,造成了种苗混乱、化肥乱施、除草剂乱用等现象,产品的有效成分和品质达不到要求,品牌的打造、道地药材产品声誉和种植收益受到影响。掌叶覆盆子植株浑身是刺,采摘效率低,人工工时贵,药果采收期紧,用工难。

(3)种植过程尚缺乏评价标准

掌叶覆盆子尚缺乏经过审定认可的高药用成分品种。其株系间农艺性状和药用成分含量差异明显。药材质量与产地或植株之间的关系未经系统有效的评价。前几年因为市场缺口大,覆盆子脱销,未经质量检验便被抢收抢购,以致一味追求利益最大化和产品质量难以保证的矛盾凸显,种植户仅仅凭果实大小去留种苗,种苗农艺性状和产品品质之间的关系不清楚。药用成分研究的取材均为市售的干果成品,药用成分检测仅有干果标准,缺乏早期监测,严重制约育种进程。

(4)相关药品和保健品开发不足

含有覆盆子的古方方剂有 300 多种,但仅有为数不多的方剂被开发成制剂,在 2020 年版《中国药典》收载的制剂中,含覆盆子的品种仅有 16 个。

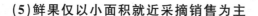

(5)鲜果仅以小面积就近采摘销售为主

多年来我国覆盆子产业以药用为主,随着种植面积的增加价格有不断下降的趋势,需要开发更多的利用渠道,保障价格的稳定。掌叶覆盆子鲜果营养丰富,但不耐贮藏和运输。作为树莓(园艺上称果实可食的产业化悬钩子属植物为树莓)的一种,目前开发利用很少,而在欧美国家,树莓已进入了深加工领域,如在英国和美国,树莓有100余个深加工类别,上千个品种,涉及树莓饮料、果酱、酸奶、胶囊等。

6.3　产业发展对策与建议

掌叶覆盆子是我国优质的"药食同源"特色植物,其保健与营养价值渐入人心。在2011年之前,覆盆子主要以野生采摘为主,之后覆盆子产业异军突起,诸多种植户跟风种植,盲目引进,缺乏对市场行情的足够了解与判断,过快的发展引起了较大的价格波动,甚至出现价格断崖式上升和下降的情况。因此,我们应及时转化思路,创新发展,以基地建设为抓手,按照市场导向、政府扶持、农户参与、科技引领等发展思路,实现种植规模化、品种优质化、生产标准化、经营产业化;条件适宜的乡镇,还可以打造药食同源产业特色小镇,形成集种植销售、精深加工、休闲采摘和药旅融合为一体的全产业链,推动"产业＋养生＋文旅"的大健康产业发展,实现特色乡村振兴。

(1)加大政策扶持,强化发展保障

随着覆盆子产业的发展,各地政府也开始高度重视,相继出台了系列政策,扶持和引导掌叶覆盆子种植的合理布局与健康发展(米敏等,2017;姜娟萍等,2021;毛凤成等,2022)。如,江西德兴市政府颁发了《关于加快覆盆子产业发展的意见》,对于从种植到深加工的整个产业链给予政策扶持。浙江省于2018年把覆盆子列入浙江新"浙八味"中药材;淳安县组织相关单位先后联合起草和发布实施了淳安县地方标准规范《掌叶覆盆子有机栽培技术规程》(DB 330127/T 080—2016)、杭州市地方标准规范《掌叶覆盆子生产技术规程》(DB 3301/T 1086—2018),丽水市联合相关单位起草和发布了浙江省地方标准规范《掌叶覆盆子生产技术规程》(DB 33/T 2076—2017);台州市政府组织相关单位制定并发布了地方标准规范《2018掌叶覆盆子种苗繁育技术规程》(DB 3310/T 53—2018);淳安县积极申报并获得"淳安覆盆子"国家农产品地理标志登记保护产品,丽水市申报的"丽水覆盆子"获得国家地理标志证明商标。各地政府的有关部门从育苗、种植、

采收、销售等方面对覆盆子产业进行全面监督管理,从源头到终端控制产品质量和规模;此外,还积极引导成立产业联盟,联合当地农业主管部门,及时发布种植信息、产量和库存信息,做好产业运行监测,制定合理的区域发展规划,出台产业扶持政策,搭建融资平台,优化服务环境,加强从业人员科技培训,正确引导农民适度适时地展开覆盆子生产。

(2)加快科技成果集成转化

2010年之前,关于覆盆子的研究较少。近十年来,高校和科研院所相关专业科研人员致力于覆盆子的全方位研究,覆盆子成分分析和药理研究取得了重大突破,其基因组于2021年完成测序并发表于蔷薇科植物GDR网站,不同植株的物候期、药用成分、品质等多元综合评价方法已建立,分子标记有效开发,药用成分合成途径初步阐明,调控因子研究初显成效,规范化生态种植模式逐渐推广,绿色防控技术大力实施,各种机械化采摘、脱粒和简便化采摘工具全面开发。科技力量的介入,极大地提高了覆盆子产业的科技含量,但是科研成果的转化相对滞后,种植户较为分散,因此政府应加快搭建科技成果转化平台,加强科研与产业的紧密联系,扩大培训范围,实现全员参与科技培训。若能全面实现科技引领,使得覆盆子产业从管理粗放、过密种植、随意修剪、手工采摘、药果不达标、乱采乱挖、根腐病严重等较粗放的生产状况,转向种植有规模、栽培示范化、品质有保障、产业引领强、三产深融合等欣欣向荣、科学健康生产的新局面。

(3)开发新产品,延长产业链

覆盆子药用历史悠久,在古代人们就发现其具有益肾、固精、缩尿和养肝明目等功效;现在,以其为主原料的保健品也深受社会各界认可,如"汇仁肾宝片""福圣元牌覆参片""五子衍宗丸"等(闫翠香等,2013)。但这些产品的功效单一,产品范围较为狭窄。近年来覆盆子药理研究取得了突破性进展,证实覆盆子具有显著的消炎、减肥、促血管舒张,以及抗氧化、抗骨质疏松与抗肿瘤等多重功效(Yu et al.,2019;Sheng et al.,2020),这些方面产品的开发将大大拓展覆盆子药用范围和覆盆子药用产业链。今后可根据研究结果,针对性地开发复合产品,或者分离提取多糖、酚酸和黄酮醇等有效成分以进一步开发新产品。掌叶覆盆子鲜果前景广阔,但保鲜技术尚待研发和推广应用,冷链系统尚待建立;各类覆盆子产品亟待开发,如覆盆子茶、覆盆子冲剂、果脯、果汁果酱、发酵果酒以及化妆品等。

(4)推进三产深融合,以产业振兴促乡村振兴

掌叶覆盆子原产华东地区低海拔至中海拔(200~800m)的山坡、山谷、林缘等地方,现种植地也主要在山坡和山脚。靠山地区自然风光独特,生态环境优美,往

往是旅游胜地,非常适合建设中医药文化养生旅游基地;此类基地集中药材种植与开发、园艺植物观赏与采摘、生态旅游与养生养老、文化旅游与修身养性等于一体,将第一、二、三产业深度融合,形成"产业＋养生＋文化＋旅游"的特色健康全产业链发展新模式,符合人们的新型消费需求。在此基础上,覆盆子产业能以覆盆子特色小镇、示范小镇的形式向周边辐射,并沿平行纬度向西向南推广。

参考文献

方洁,吕群丹,陈正道,潘俊杰,程科军,2020.市售覆盆子药材 DNA 条形码鉴定研究[J].中国现代应用药学,37(4):437-442.

姜娟萍,徐丹彬,王松琳,卢红讯,2021.浙江省覆盆子产销现状及发展对策[J].浙江农业科学,62(1):55-56,60.

毛凤成,王俊玲,2022.淳安临岐覆盆子成"金盆子"[J].浙江林业(9):24-25.

米敏,江景勇,2017.台州市掌叶覆盆子产业的存在问题和发展对策[J].农村经济与科技,28(19):140-141.

闫翠香,丁新泉,夏昀,邵小明,2013.德兴覆盆子产业化发展策略[J].广东农业科学(20):234-236.

余京华,朱德平,向胜华,刘静,王前涛,王燕萍,2021.掌叶覆盆子在宜昌市的发展前景和关键技术及对策建议[J].中国农技推广,37(10):8-9.

Foster TM,Bassil NV,Dossett M,Worthington ML,Graham J,2019. Genetic and genomic resources for *Rubus* breeding:a roadmap for the future[J]. Hortic Res,6:116.

Mazur SP,Nes A,Wold AB,et al,2014. Quality and chemical composition of ten red raspberry(*Rubus idaeus* L.) genotypes during three harvest seasons[J]. Food Chem,160:233-240.

McDougall GJ,Martinussen I,Junttila O,VerrallS,Stewart D,2011. Assessing the influence of genotype and temperature on polyphenol composition in cloudberry(*Rubus chamaemorus* L.) using a novel mass spectrometric method[J]. J Agric Food Chem,59:10860-10868.

Ponder A,Hallmann E,2019. The effects of organic and conventional farm management and harvest timeon the polyphenol content in different raspberry cultivars[J]. Food Chem,301:125295.

Sheng JY,Wang SQ,Liu KH,Zhu B,Zhang QY,Qin LP,Wu JJ,2020. *Rubus chingii* Hu:an overview of botany,traditional uses,phytochemistry,and pharmacology[J]. Chi J Nat Medicines,18:401-416.

Yu GH,Luo ZQ,Wang WB,Li YH,Zhou YT,Shi YY,2019. *Rubus chingii* Hu:a review of the phytochemistry and pharmacology[J]. Front Pharmacol,10:Article 799.

附　录

(a) 植株与根蘖苗

(b) 花

(c) 红果与青转黄果实

图 1-1　掌叶覆盆子

图 1-2　掌叶覆盆子染色体（1000 倍）

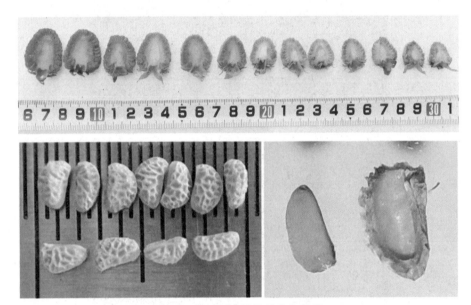

图 2-5　掌叶覆盆子的果实和种子

(a) 掌叶覆盆子　　　　(b) 蓬蘽　　　　(c) 山莓　　　　(d) 三花悬钩子

图 2-6　四种悬钩子属植物的成熟果实

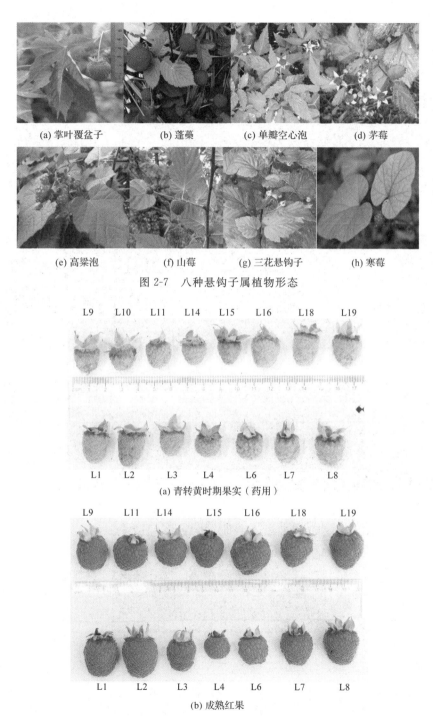

(a) 掌叶覆盆子　　　(b) 蓬蘽　　　(c) 单瓣空心泡　　　(d) 茅莓

(e) 高粱泡　　　(f) 山莓　　　(g) 三花悬钩子　　　(h) 寒莓

图 2-7　八种悬钩子属植物形态

L9　L10　L11　L14　L15　L16　L18　L19

L1　L2　L3　L4　L6　L7　L8

(a) 青转黄时期果实（药用）

L9　L11　L14　L15　L16　L18　L19

L1　L2　L3　L4　L6　L7　L8

(b) 成熟红果

图 2-9　掌叶覆盆子不同株系果实(Chen et al.,2021)

191

(1)丽水1　　(2)黄岩1　　(3)黄岩2　　(4)大田1

(5)大田2　　(6)尤溪1　　(7)尤溪2　　(8)尤溪3

(9)三门1　　(10)三门2　　(11)三门3　　(12)三门4

(13)三门5　　(14)三门6

图 2-13　不同产地覆盆子样品

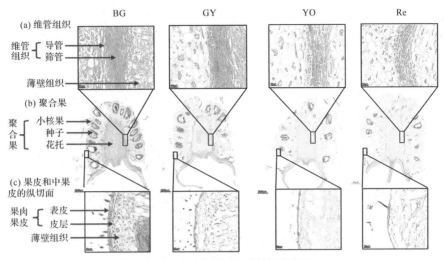

图 3-3　掌叶覆盆子四个成熟阶段切片

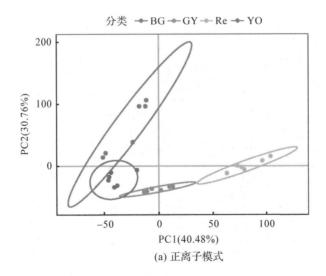

(a) 正离子模式

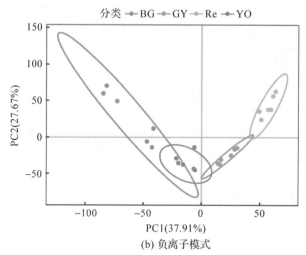

(b) 负离子模式

图 3-8　掌叶覆盆子代谢组主成分分析

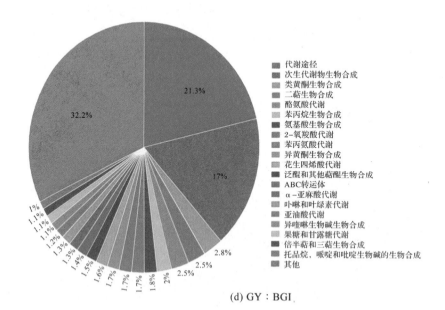

(d) GY：BGI

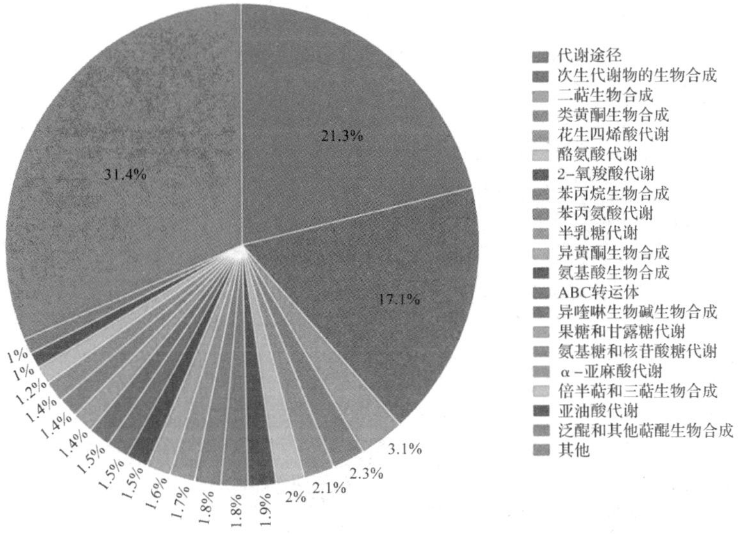

(e) YO：GY

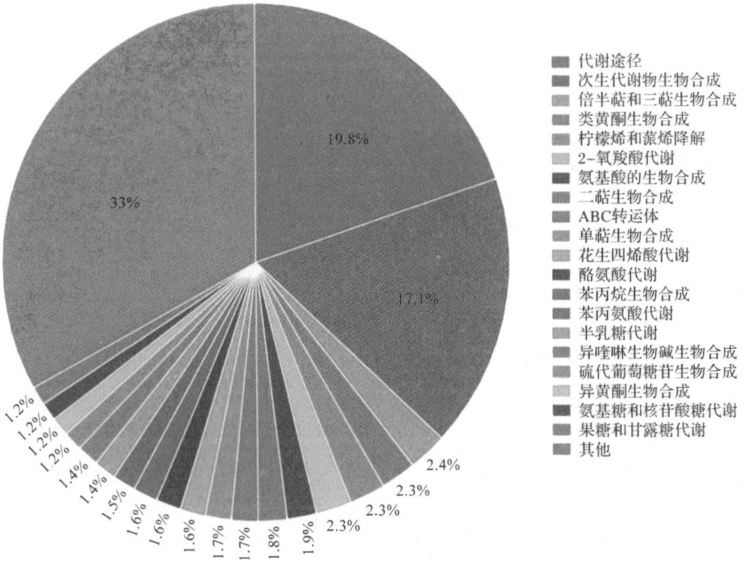

(f) Re：YO

图 3-10　掌叶覆盆子不同发育阶段之间差异基因和差异离子 Pathway 富集结果(此处为图 d—f)

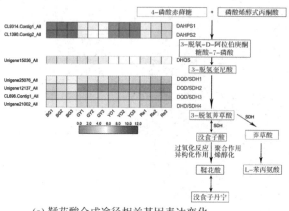

(a) 鞣花酸合成途径相关基因表达变化

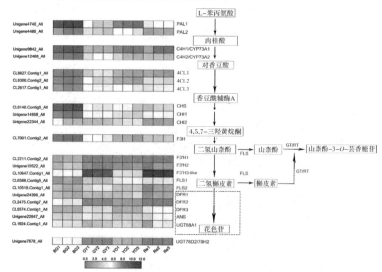

(b) 山柰酚-3-O-芸香糖苷合成途径相关基因表达变化

图 3-12　鞣花酸和山柰酚-3-O-芸香糖苷生物合成相关基因表达及相关代谢离子变化

注：PAL，苯丙氨酸解氨酶；C4H，肉桂酸-4-羟化酶；4CL，4-香豆酸-辅酶 A 连接酶；CHS，查尔酮合成酶；CHI，查尔酮异构酶；F3H，黄烷酮-3-羟化酶；F3′H，类黄酮-3′-羟化酶；GTs(RTs)，糖苷转移酶；C4H/CYP73A，肉桂酸-4-羟化酶/细胞色素 P450 单加氧酶；DFR，二氢黄酮醇-4-还原酶；ANS，花青素合成酶；UGT88A1，花青素糖基转移酶；UGT78D2/UGT78H2，类黄酮-3-O-糖基转移酶/葡萄糖基转移酶。

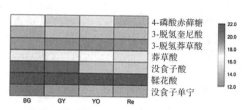

(a) 鞣花酸合成途径相关代谢离子变化

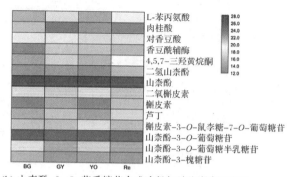

(b) 山柰酚-3-*O*-芸香糖苷合成途径相关代谢离子变化

图 3-13　鞣花酸和山柰酚-3-*O*-芸香糖苷生物合成途径相关代谢离子变化

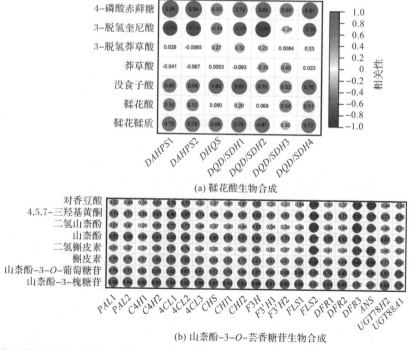

(a) 鞣花酸生物合成

(b) 山柰酚-3-*O*-芸香糖苷生物合成

图 3-15　掌叶覆盆子鞣花酸和山柰酚-3-*O*-芸香糖苷生物合成相关基因表达和代谢产物的相关性分析

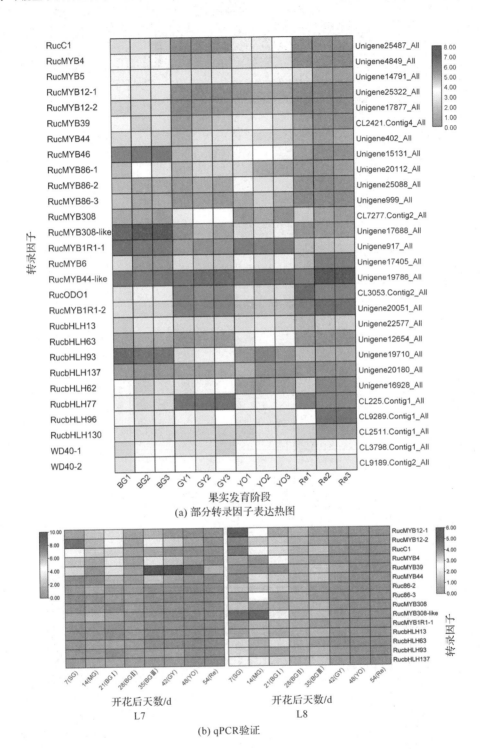

(a) 部分转录因子表达热图

(b) qPCR验证

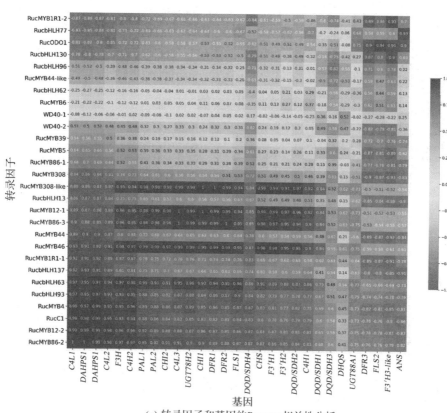

(c) 转录因子和基因的Pearson相关性分析

图 3-16　掌叶覆盆子果实发育过程中的转录因子

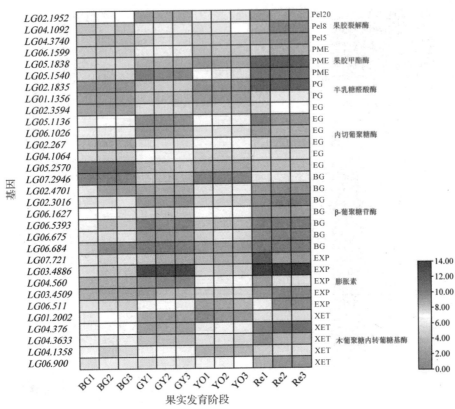

图 3-19　掌叶覆盆子果实发育过程中细胞壁相关基因表达变化(转录组测序)
注:果实采自 L7 株系。

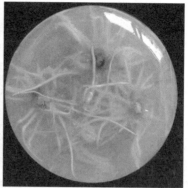

图 4-4　掌叶覆盆子组培苗的生根

图 4-5　掌叶覆盆子组培苗移栽

(a) 种植1~3年的正常植株　　(b) 生长受到显著影响(4年)　　(c) 大面积枯死(5年)

(d) 正常根　　　　　　　　(e) 根腐严重

(f) 2年生植株的叶　(g) 3年生植株的叶　(h) 4年生植株的叶　(i) 5年生植株的叶

图4-10　连作对掌叶覆盆子生长的影响

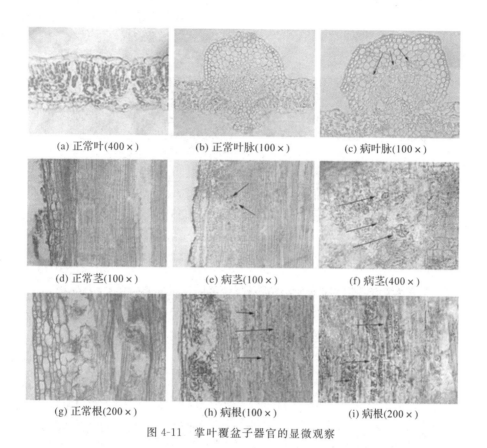

(a) 正常叶(400×)　　　(b) 正常叶脉(100×)　　　(c) 病叶脉(100×)

(d) 正常茎(100×)　　　(e) 病茎(100×)　　　(f) 病茎(400×)

(g) 正常根(200×)　　　(h) 病根(100×)　　　(i) 病根(200×)

图 4-11　掌叶覆盆子器官的显微观察

(a) 泡囊侵染(200×)　　　(b) 菌丝侵染(200×)　　　(c) 丛枝侵染(400×)

图 4-12　掌叶覆盆子根系丛枝菌根真菌侵染情况

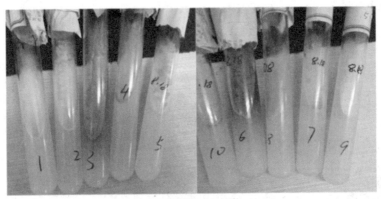

(a) 分离所得1~10号菌

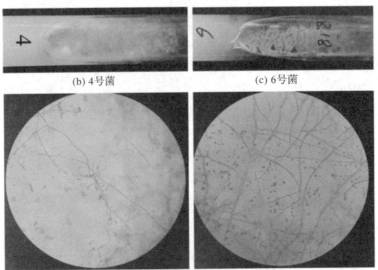

(b) 4号菌　　　　　　　　(c) 6号菌

(d) 4号菌菌丝显微观察(400×)　　　(e) 6号菌菌丝显微观察(400×)

图 4-13　掌叶覆盆子根腐致病菌的分离